これだけシリーズ

電験2種

改訂新版

二次試験

梶川 拓也
石川 博之　著
丹羽 拓

これだけ
電力・
管理

論説編

電気書院

●執筆分担●

梶川　拓也…第１章～第３章

丹羽　　拓…第４章，第５章

石川　博之…第６章，第７章

まえがき

　第2種電気主任技術者試験は，一次試験と二次試験の2段階あり，一次試験の合格後に二次試験が受験できるのですが，二次試験は一次試験のマークシート方式とは違い記述式となるのでしっかりとした実力を身につけないと合格できません．

　二次試験の「電力・管理」では，論説問題も出題されています．計算問題を確実に解答できることが合格への近道ですが，論説問題も確実に解答できれば合格はゆるぎないものとなります．

　本書は，電験3種に合格して初めて電験2種を受験する方を対象に，計算編の続編として執筆いたしました．電力・管理の論説問題に関する学習ガイドとなり，第3種合格の実力があれば自然に第2種合格の実力が養成されることを目指しました．内容については次の点に特に留意しました．

(1)　発送配変電および施設管理全般に至るまで，「電力・管理」の科目全体を通じて幅広い分野を取り上げました．これは，「電力・管理」における論説問題が，一部の分野に偏ることなく，幅広い分野から出題されている傾向を考慮したためです．

(2)　各単元の中にできるだけ過去の試験問題を取り入れました．これによりどのような問題が出題され，それがどれくらい解けるのかにより自分の実力を自己診断できるようにしました．

(3)　過去の電験2種の試験問題を分析して，繰り返し出題されている典型的な論説問題は確実に得点できるよう配慮しました．電験1種の過去問題であっても，今後第2種で取り上げられる可能性の高い重要な問題については，積極的に本書に採用してあります．また，どの程度のことを書けば合格点がもらえるのか，といった観点から，解答のポイントについてもできるだけ説明を加えるようにしました．

(4)　全体に図を多く取り入れて理解しやすいようにし，できるだけ丁寧に説明

を加えました.

(5) 可能な限り実務で役立つ事項を記載しました.

以上の内容を踏まえ，本書は次の5項から構成されています.

【要点】

学習項目の重要事項を要点としてまとめてあるので，学習の重要事項が短時間に把握できます.

図を多く取り入れ理解を早めるようにしました.

【基本例題にチャレンジ】

基本例題は学習項目に直結する基本的な問題を挙げ，基礎力を養成する内容にしました.

【応用問題にチャレンジ】

要点の理解をさらに深めるために，第2種二次試験と同水準の問題を挙げ，応用力を養成する内容にしました.

【ここが重要】

特に学習しておいてもらいたい項目を挙げました.

【演習問題】

過去に第2種の試験として出題された問題を含め，その単元で理解しておいてもらいたいことを演習問題としてまとめました.

このように本書は，電験第2種合格を目指す方ができるだけ効率良く学習できる工夫をしてあります.

本書を活用されることにより皆様が合格されることを祈念いたします.

著　者

電験2種二次試験これだけシリーズ

改訂新版 これだけ 電力・管理 －論説編－ 目次

第5章　送　電

第6章　配　電

第7章　施設管理

第1章
水力発電所・発電機一般

第1章 水力発電所・発電機一般

1.1 水力一般

要点

1. 水力発電所の水車に発生するキャビテーション

(1) キャビテーションとは

運転中の水車ランナの流速および圧力は各部により異なる．ある点の圧力が低くなり，そのときの水温における蒸気圧力以下となると，水蒸気の気泡が生じる．この気泡が流されて圧力の高い部分に達して消滅する瞬間，音響を伴い極めて短時間に大きな衝撃を発する．これをキャビテーションと呼ぶ．

(2) 影響

キャビテーションが繰り返されると，ランナベーンが疲労して海綿状に浸食される．さらに振動や水車効率の低下，電力動揺の原因となる．

(3) 対応策

① 比速度の選定に留意し，できるだけ小さくする．

② ドラフト高さを合理的に選定する．

③ 吸出し管のランナに近い箇所に空気を送入する．

④ 使用材料を，耐腐食性の強い材料に変更する．

⑤ ランナ，案内羽根（ガイドベーン），吸出し管の形状を改良する．

2. 水車の種類とその特性

水車は大きく分けて，衝動水車と反動水車があり，第1表のように分類される．

【衝動水車】圧力水頭を速度水頭に変えた流水をランナに作用させる水車．

例）ペルトン水車，クロスフロー水車（※）

【反動水車】圧力水頭を持つ流水がランナを通過するときの反動力を利用する水車．

例）フランシス水車，斜流水車（デリア水車），プロペラ水車，カプラン水車，チューブラ水車

（※）クロスフロー水車は，衝動水車と反動水車の特性を併せ持ち，それらの中間に位置付けられる．

第1表 水車の主な分類

衝動水車	ペルトン水車	
反動水車	クロスフロー水車	
	フランシス水車	
	斜流水車（デリア水車）	
	軸流水車	プロペラ水車
		カプラン水車
		チューブラ水車

① ペルトン水車（第1図参照）

主に200m以上の高落差に適用．羽根車（ランナ）はバケット（椀状の水受）とディスクから構成されている．ノズルから水を噴射させてバケットに作用させる．負荷に応じて流量調整できる機構（ニードル弁）をノズルに備えており，流量調整が優先される場合にも使用できる．第1図のように複数のノズルを有する場合は，使用するノズルを減らすことで部分負荷時の効率低下を抑制することができる．水車の負荷が急激に減少したときは，デフレクタにより水流の射出方向をそらせたのち，ニードル弁をゆっくりと閉じることで，水圧管内の圧力上昇を抑制する．水車を停止する際は，ジェットブレーキにより逆向きの回転力を加える．

フランシス水車と比較して最高効率は劣るが，部分負荷運転における効率低下は少ない．非常に少ない流量から適用可能．

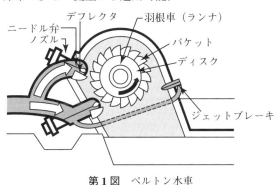

第1図 ペルトン水車

② クロスフロー水車（第2図参照）

流量変化の大きい箇所に適用．水流が円筒形のランナに軸と直角方向より流入し，ランナ内を貫通して流出する水車で，衝動水車と反動水車の特性を併せ持つ．流量調整できる機構（ガイドベーン）を備えており，ガイドベーンを1/3ガイドベーンと2/3ガイドベーンに分割したものでは，負荷に応じて操作することで，低流量でも効率を高めることが可能．

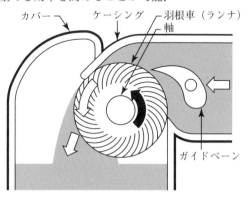

第2図　クロスフロー水車

③ フランシス水車（第3図参照）

50〜500 mの中〜高落差，大容量から小容量まで広い範囲に適用．構造も簡単で，中小水力発電では，横軸フランシス水車が多く採用される．

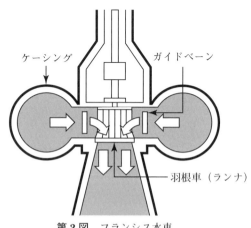

第3図　フランシス水車

　水はランナの全周から中心に向かって流入し，水圧によりランナを回転させつつ，ランナ内で軸方向に向きを変えて流出する．流量調整できる機構（ガイドベーン）を備えており，水道等の流量調整が最優先される場合にも使用できる．

④　斜流水車（デリア水車）（第4図参照）

40〜180 mの中落差に適用される．プロペラ形の水車羽根（ランナベーン）が主軸と斜めの方向に取り付けられており，流水が軸に対して斜め方向にランナを通過する．大容量ではランナベーンの角度を調整可能なものが多く，これはデリア水車と呼ばれる．流水の作用方向はフランシス水車と，また可動羽根構造はカプラン水車と同じなので，両方式の特長を併せ持ち，負荷や落差の変動に対しても効率の低下が少ない．

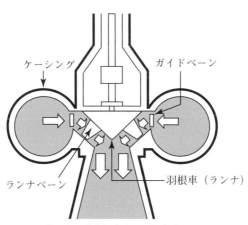

ケーシング　　　　　　　ガイドベーン

ランナベーン　　　　　　羽根車（ランナ）

第4図　斜流（デリア）水車

⑤　プロペラ水車（第5図参照）

5〜80 mの低〜中落差に適用．流量が一定の地点に適用し，流量の変化が大きい地点には不適．カプラン水車と同様に低落差に適した水車であり，ランナベーンの動かない水車がプロペラ水車で，流量の変化等に応じてランナベーンの角度を調整できる水車がカプラン水車である．

⑥　カプラン水車

　プロペラ水車は水車羽根（ランナベーン）が固定されているが，カプラン水車はランナベーンが可動式となっており，流量に応じて角度を変化させること

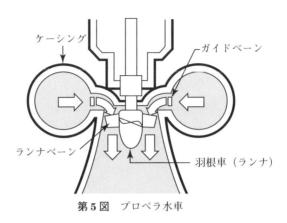

第5図　プロペラ水車

によりプロペラ水車よりも効率良く運転ができる．流量変化が大きい地点はカプラン水車，流量変化がない地点はプロペラ水車などと使い分ける．

⑦　**チューブラ水車（第6図）**

　横軸のプロペラ水車で，形状は円筒形（チューブラ）．20 m以下の低落差に適用．ランナベーンは小容量では固定式，大容量ではカプラン水車と同様に可動式となることが多い．

　水流の流入，流出とも水車の軸方向なので，図に示すように配管直線部に挿入する機器配置が可能であり，近年上下水道などにおける発電用に使われている．

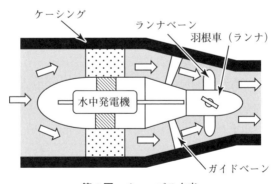

第6図　チューブラ水車

基本例題にチャレンジ

【問題1】

文中の空欄に当てはまる字句を記入しなさい.

斜流水車は一般に ⬚(1)⬚ が可動構造になっており,カプラン水車と同様に ⬚(2)⬚ ,変流量の運用に適し,カプラン水車に適さない ⬚(3)⬚ 領域まで使用できる特徴がある.また, ⬚(4)⬚ は高落差地点に多く適用され,部分負荷運転時には,フランシス水車に比べ効率が良い他,負荷遮断時には他の水車よりも ⬚(5)⬚ の変動の影響を小さくすることができるので,水圧鉄管が経済的にできる.

【問題2】

文中の空欄に当てはまる字句を記入しなさい.

水車に与える障害の一つに ⬚(1)⬚ がある.この発生原因は,水車を通過する流水により,ある点の圧力が水の ⬚(2)⬚ 以下に低下し,低圧部あるいは ⬚(3)⬚ 部ができると,そこで水中に含まれている空気が遊離して ⬚(4)⬚ となり,あるいは水蒸気ができて,流水とともに流れるが,圧力の高いところに出会うと,急激に崩壊して,このとき大きな衝撃を生じるために金属面を ⬚(5)⬚ することである.

【問題1の解説】

やさしい解説

ペルトン水車は,200 m以上の高落差に適しており,最高効率は他の水車と比較してやや劣るが,負荷変動に対しては,ノズルに設けられたニードル弁で水量を調整できるため,軽負荷時に効率低下が小さい.

カプラン水車は,プロペラ水車の一種であり,ランナベーンが可動なものをいう.可動羽根のため,部分負荷運転時の効率低下が小さい.フランシス水車は,50～500 mの中～高落差に適しており,最高効率は高いが,軽負荷時はかなり効率が低下する.斜流水車はフランシス水車とカプラン水車の中間構造となっており,フランシス水車の羽根を可動形にしたものと考えてよい.

● 解　答 ●

(1) ランナベーン　(2) 変落差　(3) 高落差　(4) ペルトン水車　(5) 水圧

【問題2の解説】

　ある点の圧力が水の飽和蒸気圧以下になると，水中に含まれていた空気が遊離して気泡となったり，あるいは水蒸気ができて流水中に微少な気泡が発生する．発生した気泡は水とともに流され，圧力の高い場所に来ると，急激に圧縮されて崩壊し，非常に大きな衝撃が発生する．これをキャビテーションと呼ぶ．これにより，流水接触面に壊食が生じるが，これは特に，ペルトン水車のバケット，ニードル，フランシス水車のランナベーン入り口部分に最も発生しやすい．機械の振動，騒音の発生，効率の低下など，水車に悪影響を及ぼす．

　このキャビテーションを防止するには，必要な水車据付高さを確保したり，キャビテーション壊食に強いステンレス系の材質を使用する必要がある．

● 解　答 ●

(1) キャビテーション　(2) 飽和蒸気圧　(3) 真空　(4) 気泡
(5) 壊食（浸食，腐食）

応用問題にチャレンジ

　一般の水力発電所の試験のうち，(1)から(3)までの試験の目的と試験内容を述べよ．
(1) 負荷遮断試験
(2) 非常停止試験
(3) 負荷試験

● 解　答 ●

(1) 負荷遮断試験

① 　目的：水車発電機運転中，系統故障により負荷を遮断した場合，水車の回転速度，発電機電圧，水圧鉄管の圧力など，おのおのの変動値が制限値を超えることなく，水車発電機を安全に無負荷運転に移行しうることを確認するために行う．

② 　試験内容：通常，最高落差において，1/4負荷から開始し，2/4，3/4，4/4の負荷で実施する．各段階ごとに，水圧，回転速度，発電機電圧が許

容範囲内であるかどうかを確認する．操作は，遮断器を手動で開放する．

（2）非常停止試験

① 目的：水車発電機運転中，発電機，主変圧器などの内部故障が生じた場合，継電器などの動作により非常停止の動作が安全に行われることを確認するために行う．

② 試験内容：通常，1/4 負荷程度で，非常停止用継電器の接点を手動で閉じることにより非常停止を行わせ，所定のシーケンスで遮断器が動作し，発電機が停止することを確認する．

（3）負荷試験

① 目的：発電設備が認可された性能を持ち，その設備が安全な状態で最大出力における連続運転に耐えうるかどうかを確認する．

② 試験内容：定格出力の状態で連続運転し，発電機巻線，変圧器油などの温度を 30 分〜1 時間ごとに測定する．試験は,各温度が飽和するまで行い，各データが規定値以内であることを確認する．併せて，水車，発電機の振動の有無，各部の漏油，漏水，異音，異臭などの異常がないことを確認する．

やさしい解説

　これらの試験は，水力発電所建設後，連続運転に入る前に行う使用前試験の一部である．

　負荷遮断試験は，別名，調速機試験と呼ばれ，発電機の遮断器が動作して水車の負荷が急減したときの調速機の動作を試験し，水圧や速度の上昇のために機械を破損するような恐れがないことを試験するのが，この試験の本来の目的である．

　また，保護停止試験の一部として，非常停止試験があり，水車発電機や主変圧器に重故障が発生した場合，保護停止動作が所定のシーケンスに従って確実に行われることを確認するために行われる．

　負荷試験は，別名温度試験と呼ばれ，発電機や主変圧器が，規定容量の連続負荷に耐えうるかどうかをみるために行われる．

・各水車の種類と特性について，確実に理解しておこう．
　特に，適用される落差，部分負荷運転時の効率について，
　しっかりと把握しておくことが重要．
・キャビテーションの発生メカニズムとその影響，および
　対策方法について記述できるようにしておこう．
・水力発電所の試験について，その目的と試験概要について，理解しておこう．

演 習 問 題

【問題】

　水力発電所の部分負荷運転時における水車効率の向上策に関して，次の問に答えよ．

(1) ペルトン水車の運用方法による部分負荷運転時の水車効率の向上策について説明せよ．

(2) クロスフロー水車について，部分負荷運転時の水車効率を向上させる目的で設置する設備の特徴とともにその運用方法を説明せよ．

(3) カプラン水車や斜流水車の運用方法による部分負荷運転時の水車効率の向上策について説明せよ．

● 解　答 ●

　(1) ペルトン水車では，ノズルの使用数を減らすまたはニードル弁を絞ることで，流速を維持し，部分負荷での効率を高めることができる．

　(2) クロスフロー水車では，ガイドベーンを大小の2枚に分割して設置し，流量の変化に合わせて，大小両方→大のみ→小のみ，と流量に応じた部分負荷での効率を高めることができる．

　(3) カプラン水車や斜流水車では，ガイドベーンの開度に連動し水車羽根の角度を調整することで，部分負荷での効率を高めることができる．

水力発電所・発電機一般

1.2 揚水発電所

 **要点**

1. 揚水発電所の特徴

　揚水発電所は，上下にダムを持ち，深夜，休日などの軽負荷時に揚水し，ピーク時に発電する方式で，純揚水方式と，自流分を伴った混合揚水式とがある．

　揚水発電は，揚水時，発電時の両方の損失が加算され，総合効率は70％程度となり，揚水することによってエネルギーは減少する．しかし，火力，原子力の深夜余力を利用してピーク時に電力に転換することによって，価値の高いエネルギーを生み出すことができる．

【揚水発電所の運用上の特徴】

　揚水式水力は，需要変動に対して極めて高速に対応できるため，ピーク分担負荷，および運転予備力として極めて優れた特性を持っており，この特性を活かして火力運転台数を節減することができる．

　揚水式の発電コストは，揚水動力の原資となった電力のコストにより決定される．すなわち，揚水効率が70％程度であるため，揚水発電単価は揚水動力の原資となった燃料費の約1.4倍になる．

$$揚水発電単価＝\frac{揚水時の火力増分単価}{揚水効率（70\%）}$$

$$＝揚水時の火力増分単価×1.4$$

（1）経済揚水

　揚水発電単価＜昼間帯の火力増分燃料費

という条件が成立する場合には，昼間帯の火力を抑制して，揚水発電に代替したほうが経済的である．

　現在，全火力の中で石炭火力の運転コストが最も安く，ベース運転を担う．一方，全火力の中で石油火力のコストが最も高く，ピーク負荷を分担する．したがって，深夜帯の石炭火力を原資として揚水した場合，昼間帯の石油火力の

コストよりも安ければ，揚水運転を行ったほうがメリットが生じることになる．

(2) 余剰揚水

正月や大型連休などの深夜帯は，運転中の全火力機を最低出力に抑制しても発電合計が総需要を上回ることがあるので，この余剰電力を利用して揚水を行う場合がある．

余剰が発生すると予想される場合には，事前に揚水する水を確保しておく必要がある．

(3) 需給対応揚水

大規模電源の故障による停止や需要の急増などで供給力が不足する場合には，揚水式の発電可能量を最大限確保する必要がある．この場合，揚水運転の目的が供給力の確保にあるため，揚水動力の増加に伴う火力増分コストの変動にかかわらず，必要量全量を当日に揚水することになる．

2. 揚水発電所の発電電動機の始動方式

同期電動機を始動させるためには，外部から始動回転力を与えるか，ほかの同期機を利用するなどして始動回転力を与え，系統周波数と同期する回転速度まで加速する必要がある．

(1) 制動巻線始動方式

停止中の発電電動機の電機子を直接電源に接続し，回転子の制動巻線を利用し，誘導電動機の原理により加速する方式．回転速度が同期速度に近づき，滑りが小さくなったときに励磁を与え，系統に同期引き入れを行う．

(2) 同期始動方式

発電電動機と他の発電機とを停止時に電気的に結合して，両機に適当な励磁を与え，発電機を始動する．電動機は発電機に同期しながら加速され，定格回転速度になったときに系統に並列する．

(3) 低周波始動方式

制動巻線始動方式と同期始動方式とを組み合わせた始動方式．始動用発電機を定格回転速度の80%程度まで加速し，端子電圧が60～70%程度になるような励磁で運転しておき，これに電動機を接続する．電動機は，制動巻線始動と同様の原理で始動し，加速される．一方，発電機は減速され，両機の回転速度がほぼ同一となったとき，電動機に励磁を与えて同期化する．

（4）直結電動機始動方式

　直結した始動用電動機により，系統より電力の供給を受けて始動・加速を行い，始動用電動機の速度制御により同期し，系統に並列する方法．始動用電動機としては，巻線形誘導電動機が使用される．

（5）サイリスタ始動方式

　停止中の発電電動機にあらかじめ励磁を与えておき，サイリスタ変換器により，電動機の回転子磁極位置に応じた電流を電機子に供給して始動する方式．

3．可変速揚水発電方式

（1）背景

　原子力比率が増大した場合，夜間の AFC 容量（周波数の調整容量）の不足が予想され，その対応策が求められる．一方，ポンプ水車の回転速度が変えられる場合，動力は回転速度の 3 乗に比例して変化するので，小さな回転速度変化で大きな動力（入力）変化が得られる．この特徴を利用して，ポンプ水車を可変速度で運転することにより，入力を変化させ，夜間の AFC 容量不足に対する対応策として注目されている．

（2）システムの特徴

①　従来の回転子直流励磁方式に代わり，回転子交流励磁方式を採用．

②　交流励磁を行うため，サイクロコンバータなどの周波数変換装置を採用．

③　従来の突極形回転子に代わり，円筒形回転子を採用．

④　交流励磁による調整により入力を加減することにより，揚水運転時による系統周波数制御も可能．

⑤　高速度で入出力を制御することができるため，系統安定度の向上に資する．

基本例題にチャレンジ

文中の空欄に当てはまる字句または数値を記入しなさい.

可変速揚水発電システムは，　(1)　の揚水時の速度を変えて運転することにより，揚水時の　(2)　を可能にするとともに，夜間または休日などの軽負荷時の周波数調整もできる．このシステムの発電電動機の　(3)　は円筒形で，三相分布巻線とした構造であり，　(4)　励磁を行うためサイクロコンバータなどの周波数変換装置を用い，回転速度に応じた　(5)　の電流で回転子を励磁し，固定子には商用周波数の電圧を発生させ，電力系統に同期した運転を行う．

原子力比率の増大に伴い，夜間の AFC 容量の確保が困難になってきている．この対策として着目されているのが可変速揚水発電システムであり，発電電動機の回転子を交流励磁方式として，その周波数の調整によって回転速度を制御することで電動機入力を調整するものである．

● 解　答 ●

(1) ポンプ水車　(2) 電力調整（入力変化）　(3) 回転子
(4) 交流　(5) 周波数（低周波）

応用問題にチャレンジ

揚水発電所のポンプ水車用発電電動機の揚水時における始動方式を 3 種類以上あげ，その原理および特徴を簡単に述べよ.

● 解　答 ●

1. 制動巻線始動方式

(1) 原理

停止中の発電電動機の電機子を直接電源に接続し，回転子の制動巻線を利用し，誘導電動機の原理により自己始動し，加速する方式．回転速度が

同期速度に近づき，滑りが小さくなったときに励磁を与え，系統に同期引き入れを行う．

(2) 特徴

① 付属設備として特別な装置が少なく，経済性に優れている．

② 始動用の電力を直接系統から受電するので，自己始動が可能．

③ 制動巻線の温度上昇の制限や系統運用上の制約から，適用可能な単機容量に限界がある．

④ 誘導電動機として始動するので，始動入力が大きく，電力系統に及ぼす影響が大きい．

2. 同期始動方式

(1) 原理

発電電動機と他の発電機とを停止時に電気的に結合して，両機に適当な励磁を与え，発電機を水車始動する．電動機は，発電機に同期しながら加速され，定格回転速度になったときに系統に並列する．

(2) 特徴

① 電力系統より始動電力を受けないので，系統に動揺を与えない．

② 電動機容量の 15 〜 20％程度の容量の発電機で同期始動が可能であり，発電機容量に余裕があれば複数台同時に始動することが可能．

③ 始動用として利用できる発電機がある場合に限られる．

④ 始動用発電機と発電電動機を同時に制御する必要があり，制御シーケンスが複雑になる．

3. 低周波始動方式

(1) 原理

制動巻線始動方式と同期始動方式とを組み合わせた始動方式．始動用発電機を定格回転速度の 80％程度まで加速し，端子電圧が 60 〜 70％程度になるような励磁で運転しておき，これに電動機を接続する．電動機は，制動巻線始動と同様の原理で始動し，加速される．一方，発電機は減速され，両機の回転速度がほぼ同一となったとき，電動機に励磁を与えて同期化する．

(2) 特徴

① 電力系統より始動電力を受けないので，系統に動揺を与えない．

② 電動機の制動巻線は熱的・機械的強度が必要とされるが，制動巻線始動方式ほどではない．

4. 直結電動機始動方式

(1) 原理

直結した始動用電動機により，電力系統より電力の供給を受けて始動・加速を行い，始動用電動機の速度制御により同期し，系統に並列する方法である．始動用電動機としては，巻線形誘導電動機が使用される．

(2) 特徴

① 大容量機に適した始動方式である．

② 始動時，系統に与える影響は，制動巻線始動方式に比べて小さい．

③ 始動用電動機の空転時の損失により，総合効率は若干低下する．

5. サイリスタ始動方式

(1) 原理

停止中の発電電動機にあらかじめ励磁を与えておき，サイリスタ変換器により，電動機の回転子磁極位置に応じた電流を電機子に供給して始動する方式．

(2) 特徴

① サイリスタは静止形始動装置であり，回転形の始動装置と異なり慣性がなく，発電所全体の始動時間は小さくなる．

② サイリスタ始動装置の据付面積および重量は小さく，機器配置に自由度がある．

③ 定常運転時には完全に主機から切り離されるので，定常運転中の損失にはならない．

揚水発電所の始動方式としては，比較的小容量の場合，発電機の制動巻線を利用してかご形誘導電動機として始動する方法が多く採られているが，この場合，電力系統に悪影響を及ぼすことがないよう，一般には低減電圧始動が行われている．また，大容量の場合には，始動用の誘導電動機を直結する方法や，発電電動機を2台以上設置する発電所においては一方を同期電動機，他方を同期発電機として相互に同期をとって始動する方法が採られる．

・揚水発電所の電動機の始動方式について，原理と特徴を述べられるよう学習しておこう．

・揚水発電所の運用上の特徴について，理解しておく．特に，経済揚水，余剰揚水，需給対応揚水など，目的が異なるため，整理しておくことが大切．

・ここ数年，可変速揚水発電所の原理や導入理由を問う問題もあるため，ポイントを押えておくことが必要である．

演 習 問 題

【問題】

最近，可変速揚水発電システムの研究開発が行われ，実用化されようとしているが，この背景，システムの概要および期待される効果について説明せよ．

● 解 答 ●

1. 背景

原子力比率の増大および火力の夜間停止の増加により，夜間の周波数調整容量が不足しつつある．揚水発電所で，夜間の揚水時のポンプ入力を加減することにより，周波数調整を行うシステムの開発が行われた．

2. システムの概要

① 周波数変換装置を用いて，交流励磁を行う方式を採用．

② 発電電動機の回転子は円筒形で，三相平衡分布巻の巻線が施されている．界磁の励磁装置としては，サイクロコンバータを用い，商用周波から$0 \sim$数 Hz に変換して励磁する．

3. 期待される効果

① 揚水運転時の周波数調整機能を果たすことができる．

② 運転性能が向上する．発電運転時は，変落差および部分負荷運転の領域が拡大され，また，効率向上，水圧変動の低減が図れる．

③ 発電運転時，発電側で励磁制御により有効電力を高速制御できるため，系統安定度向上効果が期待できる．

1.3 発電機一般

 **要点**

1. 大形水車発電機とタービン発電機の特徴比較

第1表

	水車発電機	タービン発電機
設置方式	回転子径は大きく, 軸方向に短い構造. 縦軸構造	回転子径を極力小さくして, 軸方向に長い構造になっている. 横軸構造
回転速度	一般に多極機であり, 200 min⁻¹〜400 min⁻¹と低速.	2極機または4極機であり1 500 min⁻¹〜3 600 min⁻¹と高速.
危険速度	危険速度が定格速度よりも十分高いところにある.	危険速度が定格速度よりも低いところにある.
回転子	突極機形	円筒機形
冷却方式	回転速度が低速であるため, 経済面から空気冷却を採用.	回転速度が高速であるため, 水素冷却を採用.
短絡比	0.8〜1.2程度.	発電機の小形化を図るため, 0.5〜0.7程度.

2. 誘導発電機の特徴

第2表

長　　所	短　　所
①構造はかご形誘導電動機と同様の簡単な構造であるため, 保守が容易. ②励磁装置が不要. ③同期検定が不要. ④始動, 並列の操作が容易. ⑤短絡故障時の短絡電流の減衰が同期発電機に比べて早い.	①単独運転ができない. ②一定の力率でしか運転できない. （負荷に対して, 無効電力の供給ができない） ③力率改善のためのコンデンサの設置が必要. ④系統並列時, 定格電流の数倍の過渡的な突入電流が流れ, 系統に大きな衝撃を与えることがある.

3. 発電機の保護方式

(1) 電機子巻線短絡保護

電機子巻線の相間短絡故障を検知し，発電機を緊急停止させる．保護には，比率差動継電器を用いる．

(2) 電機子巻線地絡保護

発電機電機子巻線の地絡故障発生時，中性点に発生するゼロ相電圧を過電圧継電器により検出する．

(3) 界磁喪失保護

同期機の界磁が異常に低下したり，喪失したりすると，安定度が悪化し，同期化力を失いついには脱調する可能性があるため，これを防止するために設けられている．保護方式としては，距離継電器を用いる．リレーから見る発電機の内部インピーダンスの変化により，故障を検出する．

(4) 逆相過電流保護

逆相電流は，発電機内部で回転子と逆方向に回転する磁界をつくり，回転子に2倍周波数の電流を誘起する．これにより回転子表面に渦電流を生じ，端部で局部加熱を生じ，機械的強度を脅かす．したがって，逆相過電流継電器にて保護する．

(5) 界磁巻線地絡保護

界磁回路に地絡故障が発生すると，過電流が流れ，磁気的不平衡や振動を生じて大きな事故に発展する可能性がある．これを防止するため，保護回路を設ける．

(6) 過電圧保護

AVR（Automatic Voltage Regulator：自動電圧調整装置）の故障，あるいは発電機負荷遮断などにより，過電圧が発生し，電機子巻線の絶縁強度を脅かす可能性がある．これを防止するため，過電圧継電器を設置し保護する．

4. 同期発電機の可能出力曲線（第1図参照）

① AB：界磁巻線の温度上昇による出力制限
② BC：電機子巻線の温度上昇による出力制限
③ CD：漏れ磁束による固定子端部の温度上昇による出力制限

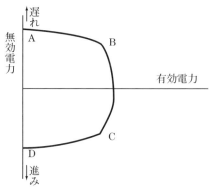

第1図

基本例題にチャレンジ

文中の空欄に当てはまる字句を記入しなさい.

大容量タービン発電機の運転を制限する主な要素は，一般に可能出力曲線に示される三つの運転領域における発電機各部の温度上昇限度であり，次のように大別される.

(イ) 昼間などの系統電圧維持のため遅相容量限度いっぱいの運転を実施する場合－励磁電流の値が ☐ (1) くなることによる ☐ (2) 巻線の温度上昇.

(ロ) 夜間など低負荷時の系統電圧上昇防止のため進相容量限度いっぱいの運転を実施する場合－漏えい磁束の影響による ☐ (3) の温度上昇. この場合，所内電源電圧の ☐ (4) により，所内補機の運転も制約される.

(ハ) 高負荷時の供給力確保のため出力限度いっぱいの運転を実施する場合－ ☐ (5) 巻線の温度上昇.

大容量タービン発電機の運転限界は，第1図で示したような可能出力曲線で表される.

1．AB：界磁巻線の温度上昇による限界

遅相運転を行う場合，系統電圧維持のため，励磁電流を大きくする．したがって，界磁巻線電流が大きくなるが，そのときの温度上昇により運転に制約を受ける．

2．BC：電機子巻線の温度上昇による限界

出力限度いっぱいの運転を実施する場合，電機子電流の温度上昇により，運転に制約を受ける．

3．CD：固定子端部の温度上昇による限界

固定子の漏れ磁束は，固定子端部を通り，固定子に対して同期速度で回転している．この部分の漏れ磁束は，固定子電流が進み力率になるほど大きくなり，このためこの部分の鉄損が大きくなり，固定子鉄心端部の温度上昇が大きくなる．これにより，運転に制約を受ける．

このほか，励磁電流を低下させると，内部誘起電圧が低下し，内部位相角が大きくなり，同期化力が小さくなり，定態安定度が低下する．これによって運転が制約される．

● 解　答 ●

(1) 大き　　(2) 界磁　　(3) 固定子端部

(4) 低下　　(5) 固定子（電機子）

応用問題にチャレンジ

　小水力発電所に使用される誘導発電機と同期発電機とを比較して，誘導発電機の利点および欠点について述べよ．

● 解　答 ●

1．誘導発電機の利点

① 　かご形回転子を使用できるので，構造が簡単であり，価格が安い．

② 　励磁装置，電圧調整器，調速機などの付属設備が不要．

③ 　始動，並列投入，運転における操作が簡単．

④ 　短絡事故の際，短絡電流の減衰が早い．

⑤　回転子がかご形であるため，突極機に比べて高い回転速度の採用が可能
であり，速度上昇率を高くとれる．

2.　欠点

①　単独で発電することが難しく，必ず他の同期発電機と並行運転すること
が必要．

②　負荷に対して無効電力を供給できない．

③　運転力率は，発電機出力に対応して決まり，調整できない．

④　励磁電流として系統から遅れ電流をとるため，系統の力率を低下させる．
そのため，調相設備の設置が必要．

⑤　系統への投入は強制並列となり，大きな突入電流が流れて系統電圧を低
下させる．

　　　　　　　　　誘導発電機は，構造的な利点を活かし，1 000 kW 以下程度の
小水力発電所をはじめ，低落差（10 ～ 12 m 以下）に用いられ
るチューブラ水車に直結，または増速装置を設けて採用される．
メリットとしては，構造が簡単であるため保守取り扱いが容易であること，
励磁装置などの付属装置が不要であること，同期合わせが不要であること，同
期外れの心配がなく安定していることなどが挙げられる．逆にデメリットとし
ては，単独運転ができないこと，力率の調整が基本的にはできないこと，系統
から励磁電流として遅れ電流をとるため系統力率を低下させること，並列の際，
系統に突入電流が流れること，が挙げられる．

・水車発電機とタービン発電機の比較，誘導発電機と同期
発電機の比較などの問題はたびたび出題されている．ポ
イントを表で整理した形で理解しておくことが大切．
・同期機には可能出力曲線があり，出力を制約する要因と
して三つが挙げられた．可能出力曲線が描けると同時に，
どの部分がどの要因によって制約を受けるのか，しっかりと理解しておくこ
とが必要．

演 習 問 題

【問題】

　大形の水車発電機とタービン発電機との主要な相違点をあげ，それぞれの特徴を述べよ．

● 解　答 ●

　両者の主な相違点および特徴は以下のとおり．

1.　設置方式

　タービン発電機は，回転子径を極力小さくし，軸方向に長い構造になっている．これに対し，水車発電機は回転子径が大きく，軸は短い．よって，タービン発電機は横軸，水車発電機は立軸となっている．

2.　回転速度

　水車発電機は，$200 \sim 400\ \mathrm{min}^{-1}$ 程度の低速で多極機となる．タービン発電機は，$1\,500 \sim 3\,600\ \mathrm{min}^{-1}$ の高速のものが採用され，2極または4極である．

3.　危険速度

　タービン発電機は，危険速度（臨界速度）が定格速度よりも低いところにあるのが通常で，これに近い速度で運転すると共振を起こして危険であるが，水車発電機は危険速度が定格速度よりも十分高いので実用的にほとんど問題ない．

4.　回転子

　水車発電機は突極形を採用しているが，タービン発電機は円筒形である．

5.　冷却方式

　水車発電機は，通常空気冷却方式であるが，タービン発電機は，高速であるため，水素冷却方式を採用している．

6.　短絡比

　水車発電機が $0.8 \sim 1.2$ であるのに対し，タービン発電機は $0.5 \sim 0.7$ 程度である．

7.　同期インピーダンス

　短絡比の小さいタービン発電機は，同期インピーダンスが大きい．一方，水車発電機は同期インピーダンスが小さい．

第1章　水力発電所・発電機一般

23

第2章 火力

2.1 汽力発電の熱サイクルと熱効率

 **要点**

汽力発電の熱サイクルは，基本的な熱サイクルであるランキンサイクルから再生サイクル，再熱サイクルへと進歩し，現在ではこれらを組み合わせた再生再熱サイクルが採用されている．

1. ランキンサイクル（第1図参照）

（1）概要

汽力発電の基本サイクル（ボイラ，タービン，復水器および給水ポンプから構成）である．

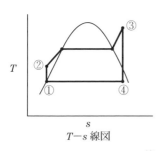
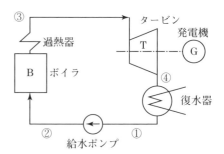

第1図　ランキンサイクル

2. 再生サイクル（第2図参照）

（1）概要

タービンで膨張途中の蒸気を抽出（抽気）し，給水の加熱に使用する．

（2）特長

抽気により，タービン出力は減少するが，復水器で損失する熱量を給水の加熱にあてることで，ボイラ燃料が節減され，総合的な効率は向上する．

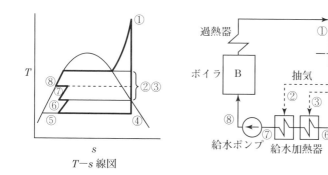

第2図 再生サイクル

3. 再熱サイクル (第3図参照)

(1) 概要

高圧タービンで仕事をした低温低圧の蒸気を取り出しボイラに導き，再熱器で再加熱し湿り度を低下させ，乾き蒸気として再び低圧タービンに戻す.

(2) 特長

低圧タービンの効率が向上するとともに，タービン羽根の浸食を抑制する.

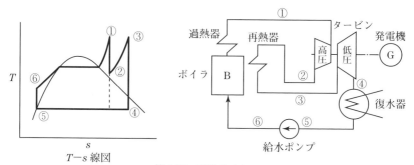

第3図 再熱サイクル

4. 再熱再生サイクル (第4図参照)

(1) 概要

再熱サイクルと再生サイクルを組み合わせた方式である.

(2) 特長

現用の汽力発電所において多く採用されている.

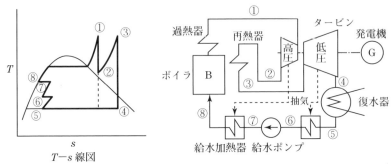

第4図　再熱再生サイクル

基本例題にチャレンジ

　図は，汽力発電所における基本的な蒸気サイクルであるランキンサイクルを示しており，1〜6の点は各状態を表している．$1 \rightarrow 2$，$2 \rightarrow 3$，$3 \rightarrow 4$，$4 \rightarrow 5$，$5 \rightarrow 6$，$6 \rightarrow 1$ のそれぞれの状態変化について説明せよ．

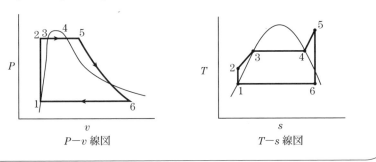

　ランキンサイクルでは，水がボイラ→タービン→復水器→給水ポンプを循環することにより，さまざまに状態変化する．

　圧力一定の下で，飽和温度以下の水を加熱した場合の状態変化は，次のとおり．

①　温度が飽和温度に達するまでは，加えられた熱量に応じて温度が上昇す

る．この状態を「**圧縮水**」という．

② 温度が飽和温度に達すると沸騰（蒸発）を始める．この状態を「**飽和水**」という．

③ 飽和水では，液体の一部は蒸発して「**蒸気**」となり容積は急膨張する．この状態では温度は飽和温度のまま一定で，飽和水と蒸気は共存しており，この状態を「**湿り飽和蒸気**」という．

④ 液体が全て蒸発してしまい，かつ温度が飽和温度で蒸気のみが存在するとき，この状態を「**乾き蒸気**」という．

⑤ 乾き蒸気をさらに加熱すると温度は上昇し，飽和温度以上の温度の蒸気となる．この状態の蒸気を「**過熱蒸気**」といい，その温度と飽和温度との差を「**過熱度**」と呼ぶ．過熱度が大きくなるとともに過熱蒸気の容積も増す．

● 解　答 ●

1→2　断熱圧縮過程．復水が給水ポンプにより圧縮水になる．

2→3　等圧加熱過程．圧縮水がボイラでの加熱により飽和水になる．

3→4　等温等圧膨張過程．飽和水がボイラでの加熱により湿り飽和蒸気の状態を経て乾き蒸気になる．

4→5　等圧過熱過程．乾き蒸気は過熱器により過熱蒸気になる．

5→6　断熱膨張過程．過熱蒸気は蒸気タービンにより湿り蒸気になる．

6→1　等温等圧凝縮過程．湿り蒸気は復水器により復水になる．

応用問題にチャレンジ

汽力発電所の熱効率に次の事項がどのような影響を及ぼすか説明せよ．

(1) 蒸気温度

(2) 蒸気圧力

(3) 復水器真空度

(4) ボイラ排ガス中のO_2濃度

(5) 空気予熱器出口排ガス温度

● 解　答 ●

(1) 蒸気温度

蒸気温度の上昇により，タービン入口と出口の熱落差が増加し，タービンの

仕事が増加,熱効率が向上する.

(2) 蒸気圧力

蒸気圧力上昇によりタービン出力は大きくなり,効率は向上する.

(3) 復水器真空度

復水器真空度の向上により,背圧(タービン排気の圧力)が低下し,タービン出力は大きくなり効率は向上する.

(4) ボイラ排ガス中の O_2 濃度

ボイラ排ガス中の O_2 濃度が高い場合は,過剰空気量が多い,すなわち排ガス量が多いことになり熱効率が低下する.一方,低すぎる場合,不完全燃焼により燃料の未燃焼が発生し,これも熱効率は低下する.

(5) 空気予熱器出口排ガス温度

空気予熱器出口の排ガス温度が高い場合,排出熱量が大きいこと,および空気予熱が十分でないことを意味し,熱効率は低下する.

火力発電所の熱効率の向上策としては,まずサイクル損失の低減,そして高効率サイクルの採用が挙げられる.

次の第5図のように,ランキンサイクルの面積を大きくすることにより,熱効率は向上する.

(1) 蒸気温度の上昇

蒸気温度の上昇により第5図の⑤の点が上に上がり,サイクルの面積は大きくなり効率は向上する.

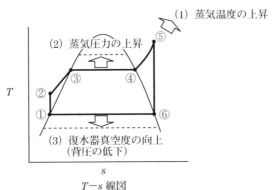

第5図 熱効率の改善

(2) 蒸気圧力の上昇

蒸気圧力の上昇により第5図の③－④の線が上方に移動し，サイクルの面積は大きくなり，効率は上がる.

(3) 復水器真空度の向上

復水器の真空度が高くなると第5図の①－⑥が下方に移動し，背圧（タービン排気の圧力）が低下し，サイクルの面積は大きくなり効率は向上する. 復水器の真空度を高めるためには，冷却水の温度の低下および水量の増加が必要となる.

(4) ボイラ損失低減

サイクル効率の向上の他に，熱効率の向上策としては，燃焼の改善によるボイラ損失の低減などがある.

ボイラでの排ガス損失 L は，

$$L = V \cdot C \cdot (t_1 - t_0)$$

（V：排ガス量，C：比熱，t_1：排ガス温度，t_0：外気温度）

で与えられる.

L を減少させるためには，V および t_1 を減少させる必要がある.

V を減少させるためには，燃焼用空気の過剰空気量を抑制し，排ガスの総量を抑制する. この過剰空気量は排ガス中の O_2 濃度により知ることができる. ただし，ある範囲より低下させると，不完全燃焼が発生し効率が低下するばかりでなく，排出ガス中の NO_X 増加の要因にもなる.

また，t_1 を減少させるために，ボイラの排ガス出口に燃焼用空気予熱器などを設置し排出熱量の抑制を図ることができる.

(5) 高効率サイクルの採用

再生サイクル，再熱サイクルなどの高効率サイクルを採用する.

1. 汽力発電の熱サイクル

ランキンサイクル，再生サイクル，再熱サイクルの構成および $T - s$ 線図を描けるようにしよう.

2. 熱効率向上策

サイクルの改善策，排ガス損失の低減策を理解しておこう.

演 習 問 題

【問題】

汽力発電所における次の蒸気サイクルについて概要を説明し，構成を図示せよ．

(1) 再生サイクル

(2) 再熱サイクル

(3) 再熱再生サイクル

● 解　答 ●

(1) **再生サイクル（図1参照）**

タービンで膨張途中の蒸気を抽出（抽気）し，給水の加熱に使用する．

抽気により，タービン出力は減少するが，復水器で損失する熱量を給水の加熱にあてることで，ボイラ燃料が節減され，総合的な効率は向上する．

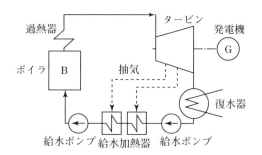

図1

(2) **再熱サイクル（図2参照）**

高圧タービンで仕事をした低温低圧の蒸気を取り出しボイラに導き，再熱器で再加熱し湿り度を低下させ，乾き蒸気として再び低圧タービンに戻す．

低圧タービンの効率向上およびタービン羽根の浸食を抑制する．

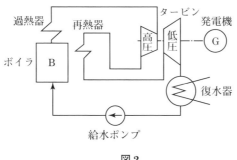

図2

(3) 再熱再生サイクル (図3参照)

　再熱サイクルと再生サイクルと組み合わせた方式で，現用の汽力発電所において多く採用されている．

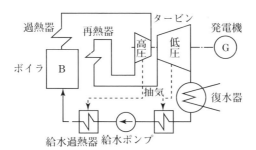

図3

第2章 火力

2.2 発電用ボイラ設備

 **要点**　汽力発電のボイラ設備は，ドラム，蒸発管，節炭器，過熱器（再熱器）などから構成される水管ボイラであり，第1図のような構成となっている．

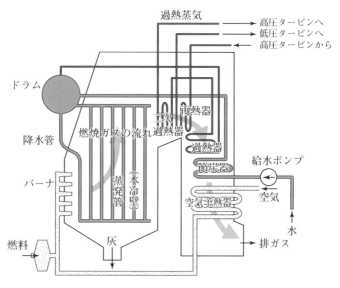

第1図　ボイラ設備の概要（自然循環ボイラ）

　発電用ボイラ設備は，水循環方式の違いにより，次のように**自然循環ボイラ**，**強制循環ボイラ**，そしてドラムを有しない**貫流ボイラ**に分類される．

1.　自然循環ボイラ（第1図，第2図参照）

（1）原理

　自然循環ボイラは，蒸発管で発生した蒸気と降水管中の水の比重差から生じる循環力を利用して水を循環させ，蒸気を発生させる．

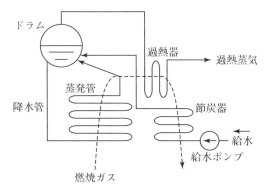

第2図 自然循環ボイラの系統図

（2）特徴

① 構造　　　シンプルな構造.

② 用途　　　広い圧力範囲で使用される.（亜臨界圧領域のみ）

③ 運転特性　負荷変動に対する応答は速くない.

④ 留意点　　蒸気圧力が高いと, 蒸気と飽和水の密度差が小さくなり, 水
　　　　　　の循環が悪くなるため, ボイラ高が高くなり, 蒸発管径も太
　　　　　　くなる.

2. 強制循環ボイラ（第3図参照）

（1）原理

　強制循環ボイラは, 降水管の途中に循環ポンプを設置し強制的に水を循環さ
せる方式であり, 蒸気圧力が高いと, 蒸気と飽和水の密度差が小さくなり循環
が困難になるため, この方式は高圧ボイラに採用される.

（2）特徴

① 構造　　　ボイラの高さや蒸発管径を小形化できる.

② 用途　　　安定で確実なボイラ水循環が可能で, 高圧大形ボイラに使用
　　　　　　される.（亜臨界圧領域のみ）

③ 運転特性　負荷変動に対し応答が速く, 始動時間も短い.

④ 留意点　　循環ポンプの故障による影響が大きいため, 循環ポンプを高
　　　　　　信頼設計（予備ポンプの設置など）とする必要がある.

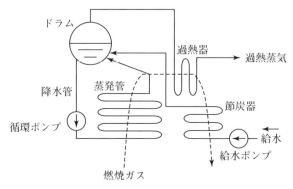

第3図　強制循環ボイラの系統図

3. 貫流ボイラ（第4図参照）

(1) 原理

　貫流ボイラは，ドラムおよび降水管などの循環回路がなく，節炭器，蒸発器，過熱器が連続して構成されており，給水ポンプで強制的に送り込んだ水が，加熱，蒸発，過熱され，蒸気として一方の端から取り出される．

(2) 特徴

①	構造	ドラムがなく，水管が細くても良いため，重量が軽く，設計の自由度が高い．
②	用途	亜臨界圧，超臨界圧ボイラに使用される．
③	運転特性	ボイラ保有水量が少ないため，ドラム形ボイラよりも，負荷変動に対する応答が速く，始動時間も短い．
④	留意点	・給水に不純物があるとタービンまで運ばれるため，復水脱塩装置を設置し，厳しく水質管理をする必要がある．

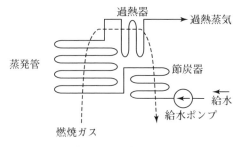

第4図　貫流ボイラの系統図

・始動時や低負荷運転時，ボイラ水管焼損防止のための始動バイパス系統が必要.

基本例題にチャレンジ

貫流ボイラは，ドラム式ボイラに比べボイラの保有　(1)　が少なく，(2)　応答性が良いなどの特徴を有するが，一方ドラムでの　(3)　処理ができないため，厳しい　(4)　管理が要求される．したがって，良質な給水純度を確保するため，(5)　脱塩装置を持つものが多い．

やさしい解説

貫流ボイラは，ドラムおよび降水管などの循環回路がなく，節炭器，蒸発器，過熱器が連続して構成されている（第4図）.

他の方式と比べ，保有水量が少ないため始動時間が短く応答速度も速くできる，などの利点がある反面，ドラムでの給水処理がないため，水質が汚染されると，タービン翼の腐食などを引き起こす．このため，復水脱塩装置などを設置し，水質管理する必要がある．

貫流ボイラには，ボイラの蒸気圧力を一定に保ち運転（定圧運転）する定圧貫流ボイラと，負荷に応じて蒸気圧力を変化し運転（変圧運転）する変圧貫流ボイラがある．定圧貫流ボイラはベース負荷用として過去に広く使用されていたが，最近では，大容量火力発電所でも中間負荷運用（毎日の始動停止，部分負荷運転を行う）が必要となり，これに対応するために，亜臨界圧，超臨界圧の変圧貫流ボイラが広く採用されている．

● 解　答 ●

(1) 水　(2) 負荷　(3) 給水　(4) 水質　(5) 復水

応用問題にチャレンジ

火力発電所のボイラ設備を構成する過熱器，再熱器，節炭器および空気予熱器のおのおのについて概要を述べよ．

● 解　答 ●

1. 過熱器

ドラムまたは蒸発管から送られてきた乾き蒸気を過熱し，過熱蒸気を発生させる．燃焼ガスの通路中に設置される．伝熱方式により，放射型，接触型，放射接触型の3種類がある．

2. 再熱器

再熱サイクルにおいて，熱効率の向上およびタービン翼腐食の防止のため，高圧タービンで仕事をした低温低圧の蒸気を取り出し，再加熱し，低圧タービンに送る．燃焼ガスの通路中に設置される．過熱器と比べ，蒸気圧力は低い．

3. 節炭器

過熱器，再熱器を通過した燃焼ガスの予熱を利用して給水を加熱する．ユニットの熱効率向上を図る．

4. 空気予熱器

節炭器を通過した燃焼ガスの予熱をさらに利用して，燃焼用空気を加熱する．ユニットの熱効率向上を図る．

ボイラの付属設備である，過熱器，再熱器，節炭器，空気予熱器は，この順序でボイラ燃焼室の蒸発管の後段に設置され，発電所全体の熱効率向上を目的に設置されている（第1図参照）．

・3種類のボイラの原理，特徴をしっかり理解し，系統図を図示できるようにしよう．
・ボイラの付属設備である，過熱器，再熱器，節炭器，空気予熱器についても理解を深めておこう．

演 習 問 題

【問題】

汽力発電所で用いられている自然循環ボイラについて，次の問に答えよ．

(1) このボイラの原理を説明し，さらに使用圧力の適用範囲と理由を説明せよ．

(2) ボイラ給水ポンプから供給される給水が蒸気としてタービンに供給されるまでの流体のフローを，以下の用語を用いて説明せよ．

(用語) ボイラ給水ポンプ，過熱器，降水管，節炭器，水管（水冷壁），汽水ドラム，蒸気タービン

(3) 貫流ボイラと比較した場合の自然循環ボイラの長所を二つ述べよ．

● 解 答 ●

(1)

【原理】 汽水ドラムを有し，蒸発管で発生した蒸気と降水管内の水の比重差を利用して循環させながら蒸気を発生させるボイラである．

【使用圧力の適用範囲と理由】 亜臨界圧領域の広い圧力範囲で使用される．

蒸発管で発生した蒸気と降水管内の密度差は，蒸気圧力が高くなるほど減少するため，密度差だけでは十分な循環力を得られない．このため，高い蒸気圧力で使用する場合は，ボイラ高を高くし，蒸発管径を太くする．

さらに，超臨界圧領域では，水と蒸気の区別がなくなり，密度差もなくなることから循環させながら蒸気を得られないため，超臨界圧では使用できない．

(2) ボイラ給水ポンプから供給された給水は，節炭器で加熱され汽水ドラムに入る．汽水ドラムの水は，降水管によりボイラ下部に入り水管（水冷壁）で熱せられて水と蒸気の混合物となって汽水ドラムに循環する．汽水ドラム内で水と飽和蒸気を分離し，飽和蒸気は過熱器に導かれ，過熱蒸気となる．過熱蒸気が蒸気タービンに供給される．

(3) 自然循環ボイラは貫流ボイラと比較して次のような長所を持つ．

・構造がシンプルで安価

・汽水ドラムでの給水処理（薬品やブロー）が可能であるため，復水脱塩装置による高度な水質管理が不要

・始動時や低負荷運転時の始動バイパス系統が不要であり，ボイラ制御が容易

・自然対流により汽水を循環させるため，貫流ボイラに比べ給水ポンプの動力を小さくできる

・保有水量が多いため負荷の変動に強い（圧力変動が少ない）

第2章 火力

2.3 火力発電所のタービン発電機

 **要点**

1. タービン発電機の冷却方式

　火力発電のタービン発電機の冷却方式は，冷媒として空気，水素，水が主に使用されている．過去，油が使われていたこともあったが，最近では製造されていない．第1表に各冷媒の冷却性能を示す．

第1表

冷却媒体	相対比熱	相対密度	相対流量	冷却能力
空気	1.0	1.0	1.0	1.0
水素（200 kPa）	14.35	0.21	1.0	3.0
水素（500 kPa）	14.35	0.42	1.0	6.0
水	4.16	1000.0	0.0012	50.0

（1）空気冷却

　空気冷却型の発電機は，水素冷却，水冷却の場合に必要となる補機が不要で構造も簡単であるため，広く適用されている．冷却性能が水素，水に劣るため，比較的小容量の発電機に適用される．

（2）水素冷却

　近年の発電機の大容量化による大形化を抑制するため，冷却効果の高い水素冷却方式が採用されている．

【水素冷却方式の特徴】

①　水素ガスの比熱は空気の14倍であり冷却効果が高く，発電機を小形化できる．

②　水素の密度は空気の約7％と小さいため，風損が空気の10％程度となり，効率が1～2％向上する．

③　コロナが発生しにくく絶縁物の損傷が少ないため，寿命を延ばすことができる．

④ 運転中の騒音が少ない.

【安全対策】

水素ガスは,空気と混合した場合,水素濃度が容積で 4 〜 75 ％となると爆発の危険があるため,機密構造とするなど,安全対策を講じる必要がある.

(3) 水冷却

大容量発電機の固定子巻線の冷却に水を使用する方式.水は空気に対して 50 倍の冷却効果があるため,固定子巻線の電流密度を大きく向上させることができる.

固定子巻線に中空の素線を使用し,中に導電率の低い純水を循環させる.このため,イオン交換樹脂,ポンプなどで構成される補機が必要となる.また,回転子などの冷却のために水素冷却と組み合わせることが多く,構成が複雑となる.

2. タービン発電機の励磁方式

(1) 直流励磁方式

直流励磁方式は次の 2 種に分類できるが,ブラシやコミュテータ（整流子）を有するため,製作面や運転保守面において,他の方式と比較して不利となる.

① 直結形

励磁装置として発電機の主軸に直流発電機を直結し運転する.

② 別置形

励磁装置としてモータなどの他動力で直流発電機を運転する.

(2) 交流励磁方式

交流励磁方式はブラシの有無により次の 2 種類に分類できる.一般的には,単に交流励磁方式という場合,コミュテータレス方式のことを指す場合が多い.ブラシレス方式はコミュテータがなく,さらにスリップリング,ブラシもないため,保守点検が容易となる.

① コミュテータレス方式

交流発電機を励磁機とし,その出力を半導体整流器で直流に変換する.

② ブラシレス方式

交流発電機とともに整流器も発電機の回転部に内蔵し,コミュテータ,スリップリング,ブラシを持たない.

(3) 静止形励磁方式

静止形励磁方式は回転機の慣性が入らないため応答性に優れ，可動部がないため保守性にも優れている．次の2種類の方式がある．

① **サイリスタ方式**

自動電圧調整装置（AVR）からの信号をサイリスタのゲート回路に導き，ゲートのON・OFFにより直流を得る．

② **複巻励磁方式**

可飽和トランス（リアクトル）により複巻特性を持たせる．

タービン発電機の励磁方式は，　(1)　方式から出発したが，ブラシ保守上の問題から，発電機本体の大形化に伴い，コミュテータレス方式や　(2)　方式を用いた　(3)　方式，さらにサイリスタ方式による　(4)　方式へと発展してきている．後の2者は，前者に比べ，制御の安定性および　(5)　性に優れている．

同期発電機の励磁方式は，初期の直流励磁方式から，保守性，経済性に優れる交流励磁方式，静止形励磁方式が採用されるようになった．

1. 直流励磁方式

直結形は，第1図のように，発電機の主軸に直流発電機を直結し運転するもので，比較的小容量の場合に適用される．

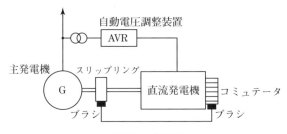

第1図　直結形

　別置形は，第2図のように，モータなどの他動力で直流発電機を運転するものである．

　この方式では，励磁電流は回転軸に取り付けたスリップリングとブラシとの接触面から供給される．さらに，直流発電機側にもコミュテータとブラシの間に接触面があり，保守面で問題がある．

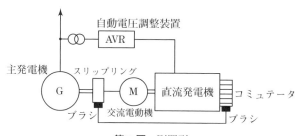

第2図　別置形

2. 交流励磁方式

　コミュテータレス方式は，第3図のように交流発電機を励磁機とし，その出力を半導体整流器で直流に変換するもので，スリップリングとブラシは残るものの，交流励磁機の故障時には予備電源に切り替えができるという利点がある．

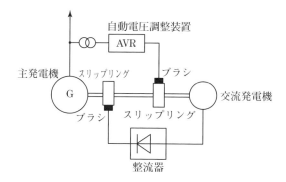

第3図　コミュテータレス方式

　ブラシレス方式は，第4図のように交流発電機とともに整流器も発電機の回転部に内蔵するもので，コミュテータ，スリップリング，ブラシを持たないため，

① 　ブラシの点検，交換が不要

② 　コミュテータの保守が不要

③　励磁機用の開閉装置が不要

④　信頼性が高い

⑤　経済的である

などの利点がある反面，整流器が大きい遠心力を受けるため，構造上の考慮をする必要がある．

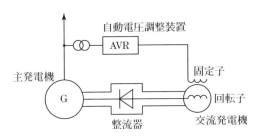

第4図　ブラシレス方式

3.　静止形励磁方式

　サイリスタ方式は，第5図のようにAVRからの信号をサイリスタのゲート回路に導き，ゲートのON・OFFにより直流を得るもので，制御速度が非常に速いという利点がある．

　複巻励磁方式は，第6図のように可飽和トランス（リアクトル）に発電機の端子電圧と出力電流に比例する信号を導いて合成することにより，複巻特性を持たせたもので，同期発電機の負荷状態に応じて所要の界磁電流が得られるため，通常の電圧調整機能は不要となる．

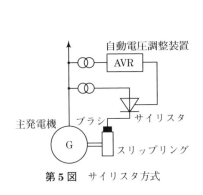

第5図　サイリスタ方式

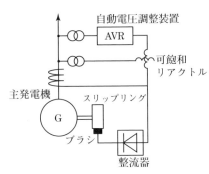

第6図　複巻励磁方式

● 解　答 ●

(1) 直流励磁　(2) ブラシレス　(3) 交流励磁　(4) 静止(形)励磁　(5) 応答

第2章　火力

応用問題にチャレンジ

　大容量のタービン発電機に採用される冷却方式に関して，次の問に答えよ．

　(1) 水素冷却方式が採用される理由を，水素ガスの特徴を挙げて述べよ．また，安全上留意すべき事項を述べよ．

　(2) 固定子水冷却方式が採用される理由を，水の特徴を挙げて述べよ．

● 解　答 ●

(1)

(a) 採用の理由

① 火力用タービンはほとんどが高速で回転する2極機であり，風損が効率低下の問題となる．そこで，密度が空気の7％である水素を冷媒として使用することにより，風損が空気の10％程度となり，効率が1〜2％向上する．

② 上記により，騒音も低下できる．

③ 水素の比熱が空気の14倍であり冷却効果が高い．

④ 水素は不活性であり，絶縁物の劣化が少なく，コロナ発生電圧も高いため，絶縁物の寿命の延伸化が図れる．

(b) 安全上の対策

水素と空気の混合ガスは，水素濃度が容積で4〜75％の範囲で爆発の可能性があるので，安全上の十分な対策が必要である．

① 固定子枠は大気圧の混合ガスの最大爆発圧力に耐える構造とする．

② 水素ガス純度・圧力を適正に保つため，純度計・ガス圧計などを設け，純度・圧力が規定値から外れた場合は警報を発するようにする．（電気設備技術基準の解釈：85％以下で警報動作，実運用：90％程度で警報動作）

③ ガス漏れ防止のための気密装置を設置する．軸受の内側で，機内ガス

圧より高い圧力の油を軸と密封リングの隙間に連続して流し込み，軸と密封リングの間に油膜を作るような密封油装置を設ける．さらに，密封油装置の送油ポンプの故障などに対して，非常用ポンプを設け，油圧低下のときには自動的に作動させる．

(2) 水は，他に冷媒として用いられる空気や水素と比べ熱容量や熱伝導率が大きく，空気の50倍という高い冷却能力がある．このため，大容量発電機の固定子の冷却には，水冷却方式が採用されている．

火力発電のタービン発電機の冷却方式は，大容量化による重量，占有面積，価格などの上昇を抑制するため，初期の空気冷却に代わり，冷却効果の高い水素冷却方式が広く採用されている．

水素冷却方式には，コイルの外部より間接的に冷却する間接方式と，固定子および固定子コイルの内部に水素ガスを通し直接冷却する直接方式の2種類がある．直接冷却方式では，同一重量の間接冷却方式の発電機に比べ約2倍の出力が得られる．

水素冷却方式の特徴と安全上の留意点は次のとおりである．

1. 水素冷却方式の概要（第7図参照）

① 空気と水素の密度の比は約1：0.07であり，空気に比べて水素の密度が極めて小さいので，回転子通風損，摩擦損が減少し，その結果，効率が1〜2％向上する．

② 熱伝導率，表面熱伝導率が空気に比べて高く（約7倍），また比熱も空気の14倍と大きく，このため冷却効果が大きいので発電機構成材料の単位重量当たりの出力が増し，単機出力限度を空気冷却のときより大きくできる（ガス圧を高めるほど大きくできる）．

③ 水素は空気より不活性であるから，コイルなど絶縁物の寿命が長くなる．また，全密封形にするため，じんあい，湿気の浸入を防ぎ，騒音も減少する．

④ コロナ発生電圧が高く，また，コロナを発生しても水素ガス中では絶縁物に及ぼす影響が少ない．

⑤ 空気冷却の場合のような消火装置は不要である．

⑥ 比較的安価である．

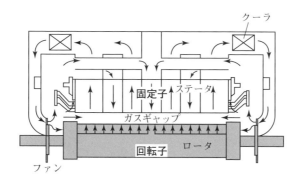

第7図　水素冷却方式

2. 水素冷却方式の安全対策

　水素と空気の混合ガスは，水素濃度が容積で4〜75%の範囲で爆発の可能性があるので，安全上の十分な対策が必要である．

① 　密封構造とし，水素純度を高く保つ機能を備えるとともに，万一の場合に対して，固定子枠は大気圧の混合ガスの最大爆発圧力に耐える構造とする．

② 　回転子軸が固定子を貫通する部分で，ガス漏れがないように気密装置を設ける．この気密装置として，軸受の内側で，機内ガス圧より高い圧力の油を軸と密封リングの隙間に連続して流し込んで，軸と密封リングの間に油膜を作るような密封油装置を設ける．また，密封油中の空気や水分が機内に放出されることがないよう，油を処理する必要がある．さらに，密封油装置の送油ポンプの故障などに対して，非常用ポンプを設け，油圧低下のときには自動的に作動させる．

③ 　密封部からの水素漏れ対策として，密封部に窒素封入装置を設け，また，軸受部を対象とした消火装置を設ける．

④ 　機内空気を水素に入れ換え，あるいは逆の操作の場合，水素と空気とが混合しないように，いったん真空にする方法と，炭酸ガスに置換する方法とがあるが，後者の方法が多く用いられる．

⑤ 　ガス制御装置は，水素ガスの補給，ガス置換のための装置で，水素および炭酸ガスボンベ，各種計器，弁類などからなっているが，それらの装置

や配管からのガス漏れがない構造とし，また，耐爆構造としている．

⑥ 水素ガス純度・圧力を適正に保つため，純度計・ガス圧計などが設けられ，純度・圧力が規定値から外れた場合は警報を発するようにしてある．電気設備技術基準の解釈では，水素の純度が 85 ％以下に低下した場合に警報する装置を設けることとしており，実際には 90 ％程度以下となった場合に警報が動作するよう運用されている．

・大容量タービン発電機の冷却方式について，水素冷却方式の特徴および安全対策を把握しよう
・タービン発電機の励磁方式として，三つの方式を確実にマスターし，それぞれの構成，特徴を説明できるようにしよう．

演 習 問 題

【問題】
同期発電機の励磁方式を挙げ，それぞれについて説明せよ．

● 解 答 ●

同期発電機の励磁方式は，次のとおり，大きく分けて①直流励磁方式，②交流励磁方式，③静止形励磁方式の三つの方式があり，それぞれ次のような特徴を持つ．

① 直流励磁方式

直流励磁方式は，励磁装置として発電機の主軸に直流発電機を直結し運転する「直結形」と，励磁装置としてモータなどの他動力で直流発電機を運転する「別置形」に分類できるが，ブラシやコミュテータ（整流子）を有するため，製作面や運転保守面から，他の方式と比して不利となる．

② 交流励磁方式

交流励磁方式は，ブラシの有無により，交流発電機を励磁機としてその出力を半導体整流器で直流に変換する「コミュテータレス方式」と，交流発電機と

ともに整流器も発電機の回転部に内蔵し，コミュテータ，スリップリング，ブラシを持たない「ブラシレス方式」に分類できる．コミュテータがなく，さらにブラシレス方式はスリップリング，ブラシもないため，保守点検が容易となる．

③　静止形励磁方式

静止形励磁方式には，AVRからの信号をサイリスタのゲート回路に導き，ゲートのON・OFFにより直流を得る「サイリスタ方式」と，可飽和トランス（リアクトル）により複巻特性を持たせる「複巻励磁方式」があるが，回転機の慣性が入らないため応答性に優れ，可動部がないため保守性にも優れている．

第2章　火力

第2章 火力

2.4 汽力発電所の蒸気タービン

要点

1. 蒸気タービンの種類

(1) 蒸気作用上の分類

① 衝動タービン：ノズルから噴出する蒸気の衝撃力によって羽根車（ロータ）を回転させる.

② 反動タービン：ノズルまたは固定羽根（静翼）で圧力降下させるとともに, 回転羽根（動翼）でも圧力降下させ, 回転羽根から噴出する蒸気の反動力によって羽根車を回転させる.

(2) 構造上の分類

① 単室タービン：室が一つでそのユニットを構成.

② 多室タービン：室が2個またはそれ以上組み合わされてユニットを構成. 車室の配列により, タンデムコンパウンド形とクロスコンパウンド形に分類される.

・タンデムコンパウンド形（串形）タービン

車室が一つの軸上に串形に配列された多室タービン.

・クロスコンパウンド形（並列形）タービン

二つの軸があって, 車室がそれぞれの軸上に配列された多室タービン.

(3) 機能・用途上の分類

① 復水タービン：タービンの排気を復水器で復水にする.

② 背圧タービン：タービンの排気を復水器に導かずに工場など所要箇所に蒸気を送気する.

2. 火力タービン発電機と原子力タービン発電機との比較

(1) タービン

① 使用蒸気：原子力タービンでは, 飽和蒸気（湿り度 0.3 ～ 0.4 %）を使用しているため, 使用する蒸気量が多くなる（過熱蒸気を使用する同一出力火力タービンの 1.6 ～ 1.8 倍）.

② タービンの大きさ：蒸気の流量増大に伴い，翼長を大きくし，ケーシングの胴を太くしたり，低圧タービンを複流化し，軸方向の寸法を伸ばしたりする必要がある．

③ 回転数および極数：火力タービンの2極（回転数は3 000または3 600 min^{-1}）に対し原子力タービンは4極（回転数は1 500または1 800 min^{-1}）．

④ 湿分分離：タービンの浸食を抑えるため，原子力タービンでは高圧タービンと低圧タービンの間に湿分分離器を設置する．

⑤ 制御方法：火力タービンの制御はタービンの速度制御のみであるが，BWR型原子力タービンの制御は蒸気圧力の制御が必要となる．

(2) 発電機

① 冷却方式：原子力発電用タービン発電機は4極機であり，界磁巻線の銅量も増加できるため，励磁容量および界磁銅損が火力発電用（2極機）に比べ60％程度減少するので，ラジアルフロー形冷却方式が採用される．

② 効率：原子力発電用タービン発電機は回転数が低いため，風損が小さく効率も向上する．

③ 遠心力・危険速度：原子力発電用タービン発電機は回転数が2極機の半分になることに対し，回転子の半径が1.5倍程度であるので，遠心力は小さくなり，危険速度を高くとることができ，バランスがとりやすい．

基本例題にチャレンジ

　原子力発電と火力発電を比較して，原子力発電の特徴の一つは，熱源である原子炉圧力容器の容積当たりの　(1)　が大きいことで，火力発電ボイラの100倍近くになることがある．

　しかし，燃料集合体の　(2)　によって制限されるため，　(3)　を火力発電の場合のように高くはできない．このため，飽和または飽和に近い蒸気しか得られず，蒸気条件が悪い．したがって，同一出力の火力発電所に比べて，タービン，復水器などが著しく　(4)　なり，　(5)　も低くなる．

原子力発電では，熱源である原子炉圧力容器当たりの熱出力が大きく，火力発電ボイラの100倍近くになることがある．しかし，熱出力が大きいにもかかわらず，燃料集合体の許容温度の制限があるため，300〜400℃の飽和蒸気を使用せざるを得ない（火力発電では560℃程度まで可能）．

原子力発電所ではタービン入口蒸気は圧力が5〜7 MPaの飽和蒸気であるため，再生サイクルや湿分分離方式を採用しても，タービン熱効率は33〜35 %前後と火力発電所に比べ低い．蒸気がタービン内部で膨張する仕事量（熱落差）も小さいため，蒸気消費量は同一出力の火力用再熱タービンに比し1.6〜1.8倍（体積流量で4〜5倍）となる．多量の蒸気を処理する大出力の原子力発電用タービンには，回転数の低い1 500または1 800 min^{-1}が用いられ，4極の発電機と結合される．

原子力発電用タービンは，高圧タービン1台と出力に応じて低圧タービン1〜3台で構成される．タービン発電機の全長は，3車室の500〜600 MW級で50 m程度，1 100〜1 200 MW級では65 mにも達する．タービンに流入する蒸気量は，火力タービンに比較し多いので，復水器も大形となる．

原子炉で発生した蒸気は飽和蒸気であり，タービン入口において既に0.3〜0.4 %程度の湿り気を有する蒸気が流入する．湿分分離器を設けずにタービン出口圧力まで膨張させると，低圧最終段出口における湿り度は約25 %にも達し，この状態でタービンの運転を行えば，その湿分により動翼の浸食が著しくなるばかりでなく，タービンの内部効率を大幅に低下させる原因となる．したがって，湿分分離器により高圧タービンの排気の湿分を除去し乾き蒸気に近い状態にする．

● 解 答 ●

(1) 熱出力　(2) 許容温度　(3) 蒸気温度　(4) 大きく　(5) 熱効率

応用問題にチャレンジ

大容量火力発電所に採用されるクロスコンパウンド形タービン・発電機に関して，次の各項目について，簡潔に説明せよ．

(1) タービンおよび発電機の軸構成の概要

(2) 他の方式と比較しての特徴

(3) タービン・発電機の始動方法

 火力発電用の蒸気タービンは，その配置により，車室が一つ
の軸に串形に配列されたタンデムコンパウンド形（第1図，第2
図）と，車室が二つの軸に並列に配列されたクロスコンパウン
ド形（第3図，第4図）に分類でき，それぞれ，次のような配置をとる．

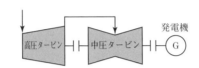

第1図 タンデムコンパウンド形の例①

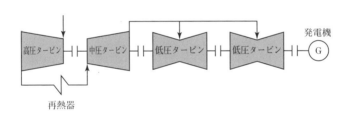

第2図 タンデムコンパウンド形の例②

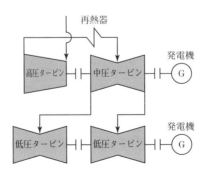

第3図 クロスコンパウンド形の例①

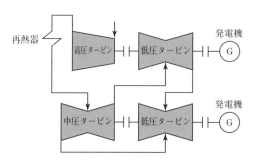

第4図　クロスコンパウンド形の例②

● 解　答 ●

1. 軸構成の概要

第5図のように，車室を並列に二つの軸上に2列に配置されている．

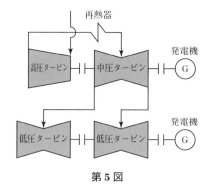

第5図

2. 特徴

クロスコンパウンド形タービンの他にタンデムコンパウンド形（串形）ター
ビンがあり，これと比較し特徴を述べる．

① 　2軸に配置するため発電機は2台必要となるが，同程度の製作技術でタ
ンデムコンパウンド形の2倍の出力ユニットを製作できる．

② 　2軸の回転数を独立して設計できるため，例えば，低圧タービンの軸を
低速（1 500または1 800 min^{-1}）で運転するなどし，効率を向上させるこ
とができる．

③ 　発電機が2台必要となり，これに伴う励磁機などの付属機器も複雑とな
る．

・建屋の構造を堅牢なものとする必要がある.

3. 始動方法

　タービンを始動する前に，循環水ポンプを始動して復水器に冷却水を通水するとともに，タービングランド部を蒸気にしてシールし，空気抽出器により復水器の真空上昇を行う．ボイラの蒸気条件および復水器の真空度が規定値に達したら，タービンの始動装置によってタービンに蒸気を送り始動する．タービン回転数が規定値に達したら発電機を励磁して，系統に並列させる.

・蒸気タービンの分類のうちタンデムコンパウンド形とクロスコンパウンド形との比較について，構成図，特徴などでしっかり説明できるようにしよう.
・火力発電用タービン発電機と原子力用タービン発電機との相違を，説明できるようにしよう.

演 習 問 題

【問題】

　軽水型原子力発電所における蒸気タービンおよび発電機について，火力発電所との構造上の相違点を挙げ，それらを対比して説明せよ.

● 解 答 ●

1. タービン

　(1) 使用する蒸気の違い

　原子力タービンでは，湿り度の高い飽和蒸気を使用しているため，過熱蒸気を使用する火力タービンに比べ，使用蒸気量が多くなる.

　(2) タービンの大きさの違い

　原子力タービンは，蒸気流量が多いため，火力タービンに比べ大形化する必要がある.

(3) 回転数の違い

火力タービンの2極（3 000 または 3 600 min^{-1}）に対し，原子力タービンは4極（1 500 または 1 800 min^{-1}）となる．

(4) 湿分分離の必要性

原子力タービンでは，火力タービンに比べ湿り度の高い蒸気を使用するので，タービンの浸食が著しくなるため，高圧タービンと低圧タービンの間に湿分分離器を設置する必要がある．

(5) 制御方法の違い

火力タービンの制御はタービンの速度制御のみであるが，BWR型原子力タービンの制御は蒸気圧力の制御が必要となる．

2. 発電機

(1) 冷却方式の違い

原子力発電用タービン発電機は4極機であり，界磁巻線の銅量も増加できるため，励磁容量および界磁銅損が火力発電用（2極機）に比べ60 ％程度減少するので，ラジアルフロー形冷却方式が採用される．

(2) 効率の違い

原子力発電用タービン発電機は回転数が低いため，風損が小さく発電機効率は向上する．

(3) 遠心力・危険速度の違い

原子力発電用タービン発電機は回転数が2極機の半分になることに対し，回転子の半径が1.5倍程度であるので，遠心力は小さくなり，危険速度を高くとることができ，バランスがとりやすい．

第2章 火力

2.5 火力発電所の出力制御と変圧運転

要点　火力発電所の出力制御は，ボイラへの入力である燃料・空気・給水量の制御とタービンへの入力である蒸気量の制御により行う．その方式の違いにより，第1表に示すようにボイラ追従制御方式，タービン追従制御方式，プラント総括制御方式の三つに分類できる．

第1表

方　式	原　理	特　徴
ボイラ追従方式	負荷指令に対し， ①まず蒸気加減弁の開度を変化 ②次に蒸気圧力の変化を検出しボイラへの燃料・空気・給水量を変化させ，出力を制御	・負荷指令に対する追従速度が速い． ・超臨界圧のボイラでは，大きな負荷変動への追従が困難となる． ・ドラム形ボイラに採用．
タービン追従方式	負荷指令に対し， ①まずボイラへの燃料・空気・給水量を変化 ②次に蒸気圧力の変化を検出し蒸気加減弁の開度を変化させ，出力を制御	・負荷指令に対する追従速度が遅い． ・ボイラ側の制御が安定． ・貫流ボイラに採用．
プラント総括制御方式	上記2方式の長所を組み合わせた方式．負荷指令に対し， ・ボイラとタービンを同時に制御 ボイラへの燃料・空気・給水量とタービンの蒸気加減弁の開度を協調して変化させ，出力を制御	・負荷追従速度が速い． ・ボイラ側の制御も安定． ・大容量火力発電所に採用．
変圧運転方式	蒸気加減弁開度は一定（通常は全開）に保ち，主蒸気圧力を調整（〈比較〉定圧運転：ボイラの蒸気圧力を一定に保ち，タービン入口の蒸気加減弁を調整）	①部分負荷での熱効率向上 ・絞り損失が少ない． ・蒸気温度が低下しない． ・給水ポンプ動力が減少． ②材料の寿命が長くなる． ③起動時間を短縮できる．

また，火力発電所の運転形態の変化に伴い，起動停止が容易で部分負荷（低負荷）運転でも効率低下の少ない運転方式として，変圧運転方式が採用されている．

基本例題にチャレンジ

　ボイラ追従方式は，負荷指令に対応してタービンに流入する　(1)　を制御するために　(2)　の開度を変化させ，主蒸気圧力の変化に応じてボイラを制御する方式で，　(3)　ボイラにおいて従来から広く採用されている．一方，タービン追従方式は，負荷指令に対しボイラ入力を変化させ，主蒸気流量に応じてタービン出力を制御する方式で，ボイラ側の制御は安定するが　(4)　が遅いのが欠点である．大容量の火力発電所では，ボイラ制御とタービン制御を協調的に行う　(5)　が採用されている．

やさしい解説

1．ボイラ追従方式（第1図参照）

（1）原理

　　　発電機出力はタービンに流入する蒸気量により変化するため，負荷指令に対しては，まず蒸気加減弁（ガバナ）の開度を変化させ，次にこれにより生じる蒸気圧力の変化を検出しボイラへの燃料・空気・給水量を変化させ，出力を制御する．

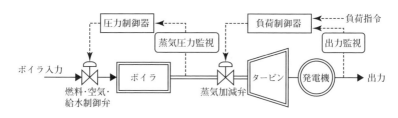

第1図　ボイラ追従方式

（2）特徴

① 蒸気加減弁開度による調節のため負荷指令に対する追従速度が速い.

② 過渡的な蒸気圧力の変化が大きいため，これを吸収しやすいドラム形ボイラに適している.

③ 保有熱量の小さい貫流ボイラ，特に超臨界圧のボイラでは，大きな負荷変動への追従が困難となる.

2. タービン追従方式（第2図参照）

（1）原理

負荷指令に対して，まずボイラへの燃料・空気・給水量を変化させ，次にこれにより生じる蒸気圧力の変化を検出し蒸気加減弁（ガバナ）の開度を変化させ出力を制御する.

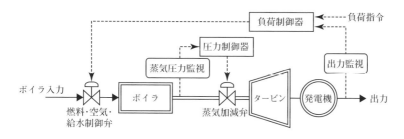

第2図　タービン追従方式

（2）特徴

① 蒸気加減弁の調整に必要な蒸気圧力となるまで時間遅れを伴うため，負荷指令に対する追従速度が遅い.

② まずボイラへの入力を変化させるため，ボイラ側の制御は安定する.

③ 貫流ボイラに採用されている.

3. プラント総括制御方式（第3図参照）

（1）原理

ボイラ追従方式とタービン追従方式の長所を組み合わせた方式で，負荷指令に対し，ボイラとタービンを同時に制御し，ボイラへの燃料・空気・給水量とタービンの蒸気加減弁の開度を協調して変化させる.

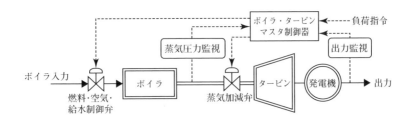

第3図　プラント総括制御方式

(2) 特徴

① 負荷追従速度が速い．

② ボイラ側の制御も安定している．

③ 大容量火力発電所に採用されている．

● 解　答 ●

(1) 蒸気量　(2) 蒸気加減弁　(3) ドラム形　(4) 負荷追従速度

(5) プラント総括制御方式

応 用 問 題 に チ ャ レ ン ジ

　汽力発電における変圧運転の概要と，変圧運転時の熱効率特性を定圧運転時と比較して述べよ．

● 解　答 ●

1. 変圧運転の概要

　火力発電所の負荷調整は，蒸気流量を変化させ調整する．蒸気流量は蒸気圧力と蒸気加減弁開度により調整するが，このうち，蒸気圧力を変化させ負荷調整する運転方式を変圧運転という．

　変圧運転には，最低負荷から全負荷まで加減弁開度を一定に保つ完全（純）変圧運転と，部分負荷運転時のみ変圧運転を行う併用運転がある．

2. 熱効率特性

　変圧運転は，定圧運転と比較して，次のような方法により，特に部分負荷での熱効率が優れている．

① 部分負荷でも加減弁開度がほぼ全開に保たれるので絞り損失が減少し,タービン効率が低下しない.

② 部分負荷でも蒸気温度が低下しないので,熱サイクル効率の低下が少ない.

③ 部分負荷では蒸気圧力を下げるため,給水圧力も低くてすみ,給水ポンプ動力が減少するので,熱効率が向上する.

1. 変圧運転とは

火力発電所の負荷調整は,蒸気流量を変化させることによりできるが,蒸気流量は蒸気圧力と蒸気加減弁開度により調整する.このうち,ボイラの蒸気圧力を一定に保ち,タービン入口の蒸気加減弁を調整する方式を定圧運転といい,これに対し加減弁開度は一定(通常は全開)に保ち,蒸気圧力を変化させ負荷調整する運転方式を変圧運転という.(第4図参照)

変圧運転には,最低負荷から全負荷まで加減弁開度を一定に保つ完全(純)変圧運転と,部分負荷運転時のみ変圧運転を行う併用運転とがある.

変圧運転するボイラとしては,スパイラル水冷壁(蒸気流量が少なくなってもチューブ間の流量不均一によって局部加熱・焼損を防止できる)を用いた変圧形貫流ボイラが多く用いられる.

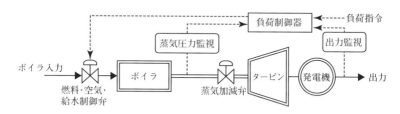

第4図 変圧運転方式

2. 変圧運転の特徴

変圧運転は,定圧運転と比較して,蒸気圧力が低下するため,サイクル熱効率は低下するものの,解答にあるような効率化により,特に部分負荷での熱効率が向上する.

さらに，変圧運転は熱効率向上の他に，下記のような特徴を持つ．

①　部分負荷運転で圧力を下げるため材料の寿命が長くなる．

②　部分負荷でもタービン温度が低下しないので，ケーシング温度を高く保ったまま停止でき，起動時間を短縮できる．

・火力発電所の3種類の出力制御方式の概要と特徴をマスターし，系統図を描けるようにしておこう．

・変圧運転の目的と特徴について把握しておこう．

演 習 問 題

【問題】

　火力発電ユニットの出力制御方式として代表的なものを三つ挙げ，その概要を述べよ．

● 解 答 ●

1. ボイラ追従方式

　発電機出力はタービンに流入する蒸気量により変化するため，負荷指令に対しては，まず蒸気加減弁（ガバナ）の開度を変化させ，次にこれにより生じる蒸気圧力の変化を検出しボイラへの燃料・空気・給水量を変化させ，出力を制御する方式．

　次のような特徴を持つ．

①　蒸気加減弁開度による調節のため負荷指令に対する追従速度が速い．

②　保有熱量の小さい貫流ボイラ，特に超臨界圧のボイラでは，大きな負荷変動への追従が困難．

③　過渡的な蒸気圧力の変化が大きく，これを吸収しやすいドラム形ボイラに適している．

2. タービン追従方式

負荷指令に対して，まずボイラへの燃料・空気・給水量を変化させ，次にこれにより生じる蒸気圧力の変化を検出し蒸気加減弁（ガバナ）の開度を変化させ出力を制御する方式．

次のような特徴を持つ．

① 蒸気加減弁の調整に必要な蒸気圧力となるまで時間遅れを伴うため，負荷指令に対する追従速度が遅い．

② まずボイラへの入力を変化させるため，ボイラ側の制御は安定する．

③ 貫流ボイラに採用されている．

3. プラント総括制御方式

ボイラ追従方式とタービン追従方式の長所を組み合わせた方式で，負荷指令に対し，ボイラとタービンを同時に制御し，ボイラへの燃料・空気・給水量とタービンの蒸気加減弁の開度を協調して変化させる方式．

次のような特徴を持つ．

① 負荷追従速度が速い．

② ボイラ側の制御も安定している．

③ 大容量火力発電所に採用されている．

第2章 火力

2.6 ガスタービンとコンバインドサイクル発電

要点

1. ガスタービン

(1) ガスタービンの原理

　　ガスタービン発電は，第1図のように空気圧縮機，燃焼器，ガスタービンおよび発電機などで構成されている．空気を圧縮機で圧縮し，これを加熱し，生じた高温高圧のガスがタービンで膨張する過程においてタービンを回転させるもので，第2図に示すような圧縮→加熱→膨張→放熱の4過程からなる．この熱サイクルをブレイトンサイクルという．

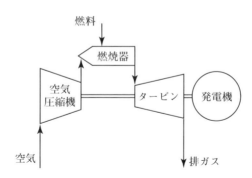

第1図 ガスタービンの構成

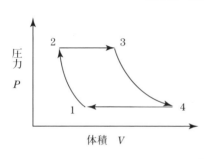

1→2　圧縮過程：圧縮機により空気を圧縮する．

2→3　加熱過程：燃焼器により高温高圧のガスが発生する．

3→4　膨張過程：タービンにてガスが膨張し回転させる．

4→1　放熱過程：ガスは大気に排出される．

第2図

(2) ガスタービンの種類

① 開放サイクル：作動流体である燃焼ガスを大気中に放出．

② 密閉サイクル：作動流体である燃焼ガスを循環させて使用．密閉サイクルは開放サイクルに比べて熱効率が高いが，付属設備が多く，構造が複雑になるため，運転・保守が難しく，始動時間が長くなる．

(3) ガスタービン発電の特徴

〈長所〉

① ユニット構成は，空気圧縮機，燃焼器，ガスタービン，発電機などで，補機は少ない．また，圧力が低いため肉薄・軽量化が可能で建設費も安価．

② 始動時間が短く（10 ～ 30 分程度），負荷追従性も非常に速い．

〈短所〉

① 大容量化には適さない（最大 30 万 kW 程度）

② 環境対策として騒音対策が必要．

③ 熱効率は低い（25 ～ 30% 程度）．

④ 外気条件（圧力・温度）の影響が大きい．

(4) 大気温度がガスタービン出力に与える影響とその対策

【大気温度が出力に与える影響】

ガスタービンは大気を吸入圧縮し，燃焼器で燃料と混合させ燃焼し発電するが，大気温度が上昇すると，空気密度が小さくなるので，燃焼器へ送られる空気の質量が低下し，発電量が減少する．一般に，大気温度が1℃上昇すると，ガスタービンの出力は 0.6 ～ 0.8 ％程度低下し，このため熱効率も低下する．

【対策】

タービンの吸気を冷却することでタービン出力を増加させることが可能となる．一般的な吸気冷却方式としては，次のような方法がある．

① エバポレイティブクーラ方式（Evaporative Cooler）
吸気フィルタの後ろに水を流下させるエレメントを設け，水の蒸発潜熱で吸気を冷却する．

② フォグ方式（Fog）
吸気フィルタを通過後に水を噴霧し，水の蒸発潜熱で吸気を冷却する．

③ チラー方式（Chiller）
吸気フィルタの後ろに冷却コイルを設置し，ターボ冷凍機などのチラー

からコイルに冷水を供給し吸気を冷却する.

2. コンバインドサイクル発電

(1) コンバインドサイクル発電の原理

ガスタービン発電と蒸気タービン発電を組み合わせた発電方式で, ガスタービン発電の排ガスが高温であることを利用し, その排熱を回収して蒸気タービンを回転させることにより, 熱効率を高めることができる.

(2) コンバインドサイクル発電の種類

排ガスの熱を利用するコンバインドサイクル発電には, その利用方法の違いにより, 第1表のように分類できる. このうち, 排熱回収方式が多く採用されている. 排熱回収方式の系統図を第3図に示す.

第1表

排熱利用方式	特　　徴
排熱回収方式	ガスタービンの排熱をボイラに導き, 蒸気を発生させる方式
排気再燃方式	ガスタービンの排気は高温かつ酸素を多く含んでいるため, 燃焼用空気として利用する方式
給水加熱方式	ガスタービンの排熱を給水加熱器に導き, 給水の加熱に利用する方式

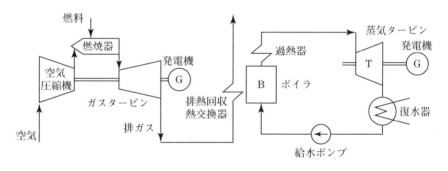

第3図 コンバインドサイクル発電の構成

さらに, 発電機および回転軸の数により, 第2表に示すように一軸型と多軸型に分類できる.

(3) コンバインドサイクル発電の特徴

〈長所〉

① 高い効率が得られる (一軸型の採用により部分負荷時の高効率維持が可

第2表

方式	構　成	特　徴
一軸型	ガスタービン，蒸気タービンが1台ずつ一つの発電機に接続されている．	部分負荷（低負荷）運転を運転台数の切替により実施するため，部分負荷時運転時の熱効率が高く維持できる．
多軸型	ガスタービンと蒸気タービンがそれぞれ別の発電機に接続されている．	大容量の蒸気タービンを使用することにより，高負荷運転時の熱効率を高くすることができる．

能）．

② 始動時間が短く，応答特性も良い．

③ 復水器損失が少ないため，冷却水は少なくなる．また，温排水対策も不要．

〈短所〉

① 排気ガス対策が必要．

② 騒音対策が必要．

③ 大気温度変化による影響が大きい．

基本例題にチャレンジ

　ガスタービン発電と蒸気タービン発電を組み合わせたコンバインドサイクル発電は，高温域と低温域で作動する異なる熱サイクルを組み合わせたものである．

　高温域の熱サイクルには燃料の燃焼熱を熱源とする　(1)　サイクルを使用し，低温域の熱サイクルには高温域の熱サイクルの　(2)　を熱源とする　(3)　サイクルを用いて複合熱機関とし，熱効率の向上を図っている．

　コンバインドサイクル発電の熱効率 η_C は，ガスタービンの熱効率を η_G，蒸気タービンの熱効率を η_S とすると，

　　$\eta_C =$ (4)

と表される．この η_C を向上させるためには，ガスタービンの　(5)　温度を上昇させることが最も効果的である．

コンバインドサイクル発電（排熱回収方式）では，排熱を利用して蒸気タービンを回すが，供給熱量を Q_0 とすると，ガスタービン，蒸気タービンでの発電量はそれぞれ第4図のようになる．

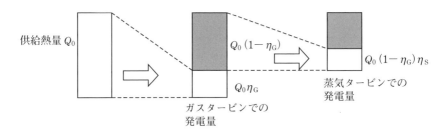

供給熱量 Q_0

$Q_0(1-\eta_G)$

$Q_0\eta_G$

ガスタービンでの
発電量

$Q_0(1-\eta_G)\eta_S$

蒸気タービンでの
発電量

第4図

● 解　答 ●

(1) ブレイトン　(2) 排ガス　(3) ランキン　(4) $\eta_G + (1-\eta_G)\eta_S$

(5) 入口ガスまたは燃焼

応用問題にチャレンジ

発電に用いる蒸気タービン（復水式）とガスタービンの構造上および運転特性上の違いを説明せよ．

● 解　答 ●

1. 構造上の違い

(1) 蒸気タービン

① 作動流体：蒸気

② 熱サイクル：ランキンサイクル

③ ユニット構成：ボイラ，タービン，発電機に加え，復水器，復水ポンプ，給水加熱器，給水ポンプなど多くの補機が必要で，補機電力も大きい．

④ 規模：大容量化が可能．

⑤ 冷却水：大量の復水用冷却水が必要で，建設地点に制約がある．

⑥ 環境対策：大気汚染対策など様々な環境対策が必要．

(2) ガスタービン

①　作動流体：高温高圧の燃焼ガス

②　熱サイクル：ブレイトンサイクル

③　ユニット構成：空気圧縮機，燃焼器，ガスタービン，発電機など，補機は少ない．

④　圧力が低いため肉薄・軽量化が可能で，建設も安価に抑えることができる．

⑤　規模：大容量化が困難．

⑥　冷却水：不要

⑦　環境対策：騒音対策が必要．

2. 運転特性上の違い

(1) 蒸気タービン

〈長所〉

①　熱効率が 35 ～ 40 ％ 程度と高い．

②　外気の温度・圧力の影響は少なく運転できる．

〈短所〉

①　始動時間が数時間と長く，負荷応答性もガスタービンに比べ遅い．

②　運転・保守が複雑である．

(2) ガスタービン

〈長所〉

①　始動時間が 15 ～ 30 分程度と短く，負荷応答性も非常に速い．

②　運転保守が容易である．

〈短所〉

①　熱効率が 25 ～ 30% 程度と低い．

②　外気の温度・圧力の影響が熱効率に大きく影響する．

　　　　　蒸気タービンは，ボイラで発生した蒸気を作動流体とし，熱サイクルはランキンサイクルを基本としている．ユニット構成としては，ボイラ，タービン，発電機に加え，復水器，復水ポンプ，給水加熱器，給水ポンプなど多くの補機が必要で，補機電力も大きい．

　　利点としては，大容量化が可能で 100 万 kW を超えるクラスのユニットも建

設されている．ただし，大量の復水用冷却水が必要であり，建設地点に制約があること，大気汚染対策などさまざまな環境対策が必要であること，などの問題もある．

　一方，ガスタービンは，圧縮空気中で燃料を燃焼させた高温高圧のガスを作動流体とし，熱サイクルはブレイトンサイクルを基本としている．ユニット構成としては，空気圧縮機，燃焼器，ガスタービン，発電機などで，補機は少ない．また，圧力が低いため肉薄・軽量化が可能で，建設も安価に抑えることができる．

　規模は，最大でも10数万kW程度と大容量化が困難であるが，多量の冷却水を必要とせず蒸気タービンのような水処理も不要である．環境対策としては，大量の空気を使用するため，騒音対策が必要である．

　解答としては，構造上の違いと，運転特性上の違いに分け，ガスタービン，蒸気タービンのそれぞれの利点，欠点を簡潔に記述する．

・ガスタービンの特徴を蒸気タービンと比較して理解しよう（第3表参照）.

・ガスタービン発電の構成，コンバインドサイクル発電の構成を系統図により把握しよう.

・コンバインドサイクル発電の特徴をしっかり押さえておこう.

第3表

		ガスタービン	蒸気タービン
構造	基本熱サイクル（代表的な種類）	ブレイトンサイクル（開放サイクル）	ランキンサイクル（再熱再生サイクル）
	作動流体	燃焼ガス	蒸気
	ユニット構成	空気圧縮機，燃焼器，ガスタービン，発電機など．補機は少ない．また，圧力が低いため肉薄・軽量化が可能.	ボイラ，タービン，発電機に加え，復水器，復水ポンプ，給水加熱器，給水ポンプなど多くの補機が必要で，補機電力も大きい.
	建設費	安価	比較的高価
	容量	大容量化が困難（最大10数万kW程度）	大容量化も可能（最大130万kW程度）
	冷却水	少量で可（水処理も不要）	大量の復水用冷却水が必要
	環境対策	騒音対策が必要	大気汚染対策など様々な対策が必要
運転	熱効率	低い（25〜30％程度）	高い（35〜40％程度）
	始動	短い（15〜30分程度）	長い（数時間）
	負荷追従性	非常に速い	ガスタービンに比べ遅い
	運転のしやすさ	運転保守が容易	操作が複雑
	外気条件の影響	圧力・温度の影響が大きい	影響は少ない

演 習 問 題

【問題】

ガスタービン主体に構成されるコンバインドサイクル発電プラントに関して，次の問に答えよ.

(1) 大気温度上昇が最大出力に及ぼす影響について，その理由とともに説明

せよ.

(2) 回答(1)に対する改善策を挙げよ.

● 解　答 ●

(1) ガスタービンは大気を吸入圧縮し, 燃焼器で燃料と混合させ燃焼し発電するが, 大気温度が上昇すると空気密度が小さくなるので, 燃焼器へ送られる空気の質量が低下し, 発電量が減少する. 一般に, 大気温度が 1℃上昇すると, ガスタービンの出力は 0.6 ～ 0.8 ％程度低下する. また, これにより排ガス量も減少することから, 排熱回収ボイラで回収する熱量も減少し, 蒸気タービン出力も低下するので, コンバインドサイクル発電の最大出力は低下する.

(2) タービンの吸気を冷却することでタービン出力を増加させることが可能となる. 一般的な吸気冷却方式としては, 次のような方法がある.

水の潜熱を利用するエバポレイティブクーラ方式やフォグ方式, 吸気フィルタの後ろに冷却コイルを設置し, ターボ冷凍機などのチラーからコイルに冷水を供給し吸気を冷却するチラー方式などがある.

また, 蒸気タービン出力の低下分を改善するために, 排熱回収ボイラに助燃バーナを追設することもある.

2.7　火力発電所の大気汚染対策

　**要点**　火力発電所から排出される大気汚染物質としては，①硫黄酸化物，②窒素酸化物，③ばいじん，などがあり，それぞれ次のような対策をとる．

1．硫黄酸化物

(1) 硫黄分の少ない燃料の使用

　① 　低硫黄重原油，低硫黄石炭の使用

　② 　LNG，LPG（硫黄分がゼロ）の使用

(2) 排煙脱硫装置の設置

　① 　湿式脱硫法：排ガスに石灰石スラリーを吹き付け，酸素と反応させて石こうとして回収．

2．窒素酸化物

(1) 窒素分の少ない燃料の使用（Fuel NO_X 対策）

　① 　低窒素重原油の使用

　② 　LNG，LPG（窒素分をほとんど含まない）の使用

(2) 燃焼の改善（Thermal NO_X 対策）

　① 　二段燃焼法

　② 　排ガス混合燃焼法

　③ 　低 NO_X バーナの採用　　など．

(3) 排煙脱硝装置の設置

　① 　アンモニア接触還元法：排ガスにアンモニアガスを加え，金属系の触媒の中を通し，NO_X を窒素と水に分解する．

3．ばいじん

(1) 灰分の少ない燃料の使用

　① 　ナフサなど軽質燃料の使用

　② 　LNG，LPG などガス燃料の使用

(2) 燃焼の改善

自動制御システムを採用し，出力変動時の汚染物質の発生量を低減する．

(3) 電気集じん装置，機械式集じん装置の設置

基本例題にチャレンジ

硫黄酸化物は燃料中の硫黄分が燃焼により空気中の酸素と反応して発生するものであり，硫黄分を含まない [(1)] を燃料として使用することも抑制対策の一つである．

窒素酸化物は燃料中に含まれる窒素化合物が燃焼時に酸化され生成するものと，[(2)] の窒素分が高温条件下で酸素と反応して生成するものがある．抑制対策として，煙道に [(3)] を設置する方法がある．これは，排ガスに還元剤として [(4)] を加え，触媒との反応で窒素と水に分解することで，窒素酸化物発生量の低減を図るものである．

ばいじんは，石灰のように灰分を多く含む燃料をボイラで燃焼させると多量に排出される．対策としては一般に煙道に [(5)] を設置する．

各汚損物質の発生原因とその抑制対策を確認する．

1. 硫黄酸化物

（1）発生原因

硫黄酸化物（SO_X）は，燃料に含まれる硫黄分の燃焼により生成される．大部分は SO_2（亜硫酸ガス）であり，このうち数％がさらに酸化され SO_3 となる．

（2）発生量抑制対策

硫黄分の少ない燃料の使用．

① 低硫黄重原油，低硫黄石炭の使用

② LNG，LPG（硫黄分を含まない）の使用

（3）排出量抑制対策

排煙脱硫装置を設置し，排煙から SO_X を除去する．湿式と乾式の2種類の方法がある．日本では湿式が大半を占めており，設備コストおよび運転コストが

高い反面，高効率な脱硫が可能である．

2. 窒素酸化物

（1）発生原因

窒素酸化物（NO_X）は，発生原因別に次の2種類がある．

① 燃料に含まれる窒素分の燃焼により生成されるもの（Fuel NO_X）

② 燃焼用空気に含まれる窒素が高温で反応して生成されるもの（Thermal NO_X）

（2）発生量抑制対策

① 窒素分の少ない燃料の使用（Fuel NO_X 対策）

・低窒素重原油の使用

・LNG，LPG（窒素分をほとんど含まない）の使用

② 燃焼の改善（Thermal NO_X 対策）

Thermal NO_X は大部分が一酸化窒素（NO）である．この低減を次の方法により図ることができる．

・燃焼最高温度の低下（燃焼速度の抑制）

・燃焼ガスの高温域滞留時間の短縮

・過剰空気率を低減させ，酸素濃度を抑制

（3）排出量抑制対策

排煙脱硝装置を設置し，排煙から NO_X を除去する．湿式と乾式の2種類の方法がある．日本で実用化されているものの大部分が乾式であり，乾式の中でもアンモニア接触還元法が最も多く採用されている．

3. ばいじん

（1）発生原因

燃料に含まれる灰分がばいじんとして生成される．

（2）発生量抑制対策

① 灰分の少ない燃料の使用

・ナフサなど軽質燃料の使用

・LNG，LPG などガス燃料の使用

② 燃焼の改善

自動燃焼制御システムにより，出力変動時の汚染物質の発生を抑制する．

第2章 火力

(3) 排出量抑制対策

電気集じん装置や機械式（遠心式）集じん装置を設置して排煙から汚染物質を除去する．

● 解　答 ●

(1) LNG（液化天然ガス）　(2) 燃焼用空気　(3) 排煙脱硝装置

(4) アンモニア　(5) 電気集じん装置

応用問題にチャレンジ

　　次の表は石炭火力発電所における環境対策のうち，大気汚染物質の低減技術についての概要を記述したものである．表中のA，BおよびCの記号を付した空欄に記入すべき事項を記入せよ．

汚染物質	発生原因（発生過程）	大気汚染物質の低減技術
(A)	燃料中の灰分から発生する．	①防止設備の設置 　電気式集じん装置や機械式（遠心式）集じん装置を設置して排煙から汚染物質を除去する． ②燃焼方法の改善 　自動燃焼制御システムを採用し，出力変動時の汚染物質の発生量を低減する．
硫黄酸化物（SO_X）	燃料中の硫黄分が燃焼により空気中の酸素と反応して発生する．	(B)
窒素酸化物（NO_X）	(C)	①排煙脱硝装置の設置 　乾式法には，代表的な方法として排ガス中にアンモニアを注入して触媒によりNO_Xを窒素と酸素に分解する接触還元法があり，他に無触媒還元法，乾式活性炭法，電子線法などがある． 　湿式法には，アルカリ吸収液にNO_Xを吸収して除去するアルカリ吸収法のほか，酸化還元法，酸化吸収法などがあるが，全般的に開発段階のものが多い． ②その他の対策 　燃焼温度の低減，高温域での燃焼ガスの滞留時間の短縮，酸素濃度の低減などの燃焼方法の改善がある． 　具体的には二段燃焼法，排ガス混合燃焼法，低NO_Xバーナの採用などがある．

● 解　答 ●

（A）ばいじん

（B）① 排煙脱硫装置の設置

　　　排煙脱硫装置には湿式脱硫法が多く採用されており，これは，排ガスに石灰石スラリーを吹き付け，酸素と反応させて石こうとして回収するものである．

　　② その他の対策

硫黄分の少ない燃料の使用

　　　・低硫黄重原油，低硫黄石炭の使用

　　　・LNG，LPG（硫黄分がゼロ）の使用

（C）次の2種類がある．

・燃料に含まれる窒素分の燃焼により生成するもの（Fuel NO$_X$）

・燃焼用空気に含まれる窒素が高温で反応して生成するもの（Thermal NO$_X$）

　　　　火力発電所から排出される三つの大気汚染物質について，問題のようにポイントを表形式で，簡潔に整理しておくと，学習に役立つであろう．

ここでは問題中の「ばいじん防止設備」と「燃焼方法の改善による窒素酸化物発生抑制対策」について解説する．

1. ばいじん防止設備

（1）電気集じん装置

電気集じん装置は，直流高電圧によりコロナ放電している電極間（「放電電極：−」「集じん電極：＋」）で，ばいじんが帯電（−）し，クーロン力により集じん電極に吸着させ捕集する．吸着されたばいじんは，集じん電極の周期的な槌打により下部ホッパーに収集される．（第1図参照）

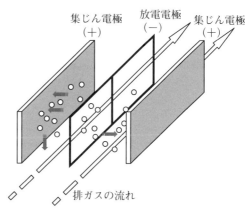

集じん電極（＋）　放電電極（−）　集じん電極（＋）

排ガスの流れ

第1図 電気集じん装置

(2) 機械式集じん装置

遠心力を利用して排出ガス中のばいじんを分離捕集する（第2図参照）. サイクロンとも呼ばれる.

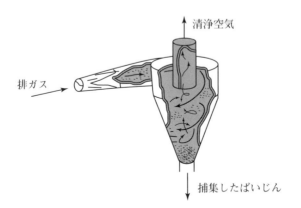

清浄空気

排ガス

捕集したばいじん

第2図　機械式集じん装置

2. 燃焼方法の改善による窒素酸化物発生抑制対策

次のような方法がある.（第3図参照）

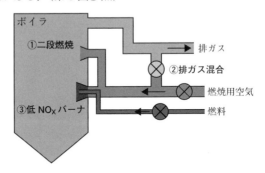

ボイラ

①二段燃焼

②排ガス混合

③低NOₓバーナ

排ガス

燃焼用空気

燃料

第3図　燃焼方法の改善による NO_X 低減

① 二段燃焼法

燃焼用空気を上下の二段に分けて供給し，下段では理論空気量の 85 ～ 90 ％で低い温度で燃焼させ，上段では残りの 10 ～ 15 ％を供給し完全燃焼させる.

② 排ガス混合燃焼法

　　燃焼用空気に排ガスの一部を混合して酸素濃度を低下させ，燃焼温度を
低下させる．

③ 低 NO_X バーナの採用

　　バーナ口へ燃焼後の排煙を直接送り込み，燃料の燃焼速度を抑制する．

・火力発電所から発生する大気汚染物質のうち代表的な3
種類とその発生原因を把握しておこう．

・それぞれの大気汚染物質の排出量抑制方法について確
実に把握しておこう．

演 習 問 題

【問題】

　火力発電所における大気汚染対策のうち，排煙脱硫装置および排煙脱硝装置
についてその概要を述べよ．

● 解　答 ●

1．排煙脱硫装置

　排煙脱硫装置には湿式と乾式の2種類の方法がある．日本では湿式が大半を
占めており，設備コストおよび運転コストが高い反面，高効率な脱硫が可能で
ある．

（1）湿式脱硫法

　排煙に石灰石スラリー（粉末状石灰石と水の混合液）などを霧のように吹き
付けることにより，排煙中の SO_X と石灰を反応させ亜硫酸カルシウムとして脱
硫し，さらにこれを酸素と反応させて，石こうとして回収する（石灰石－石こ
う法）．（図1参照）

（2）乾式脱硫法

　乾式としては，脱硫・脱硝の可能な活性炭法，電子線照射法について実用化

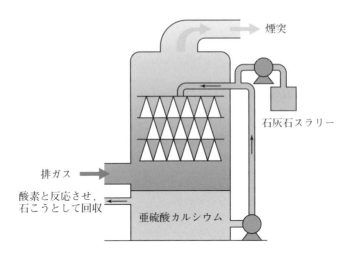

図1 湿式脱硫法の概要図

に向けた技術開発が進められている．

2. 排煙脱硝装置

排煙脱硝装置には，湿式と乾式の2種類の方法がある．日本で実用化されているものの大部分が乾式であり，乾式の中でもアンモニア接触還元法が最も多

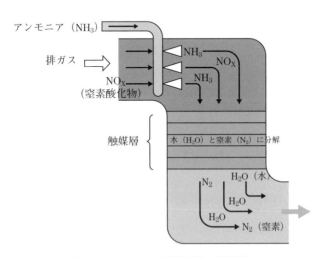

図2 アンモニア触媒還元法の概要図

く採用されている．

（1）湿式脱硝法

酸化還元法，酸化吸収法などがある．

（2）乾式脱硝法

アンモニア接触還元法，無触媒還元法の他，脱硫・脱硝が同時に可能な活性炭法，電子線照射法について実用化に向けた技術開発が進められている．

アンモニア接触還元法では，排ガスにアンモニアガスを加え，金属系の触媒の中を通し，NO_X を窒素と水に分解する．（図2参照）

第3章　原子力

第3章 原子力

3.1 原子力発電の原理と核燃料サイクル

要点

1. 原子炉の構造

　原子炉は**核燃料**，**減速材**，**冷却材**，**制御棒**からなる炉心および炉心を囲う**反射材**，**遮へい材**からなる．

(1) 核燃料

　核燃料は，焼き固めたもの（ペレット）を，中性子を吸収しないジルコニウム合金などの被覆管で密封し，燃料集合体（燃料棒）として加工されている．

(2) 減速材

　減速材は，核分裂によって発生した高速中性子（約 2 MeV）を 0.025 eV の熱中性子に減速させる．軽水炉では軽水（H_2O）が使用される．

(3) 冷却材

　冷却材は，核分裂で発生する熱を外部に取り出す熱媒体である．軽水炉では軽水（H_2O）が使用される．

(4) 制御棒

　核分裂を調節するためのもので，燃料の間を出し入れすることにより，原子炉の起動・停止，出力制御に使用される．中性子を吸収しやすい，ホウ素（B），カドミウム（Cd），ハフニウム（Hf）などを棒状に加工して使用する．

(5) 反射材

　中性子が炉心から炉外に漏れ，損失となるのを抑制する．軽水炉では，軽水（H_2O）が使用される．

(6) 遮へい材

　放射線が炉外に放出されるのを防止するもので，コンクリートや鉛などが使用される．

2. 核燃料サイクル

　原子燃料の製造，使用，再処理などの一連の循環過程を**核燃料サイクル**という．第1図にその概要を示す．

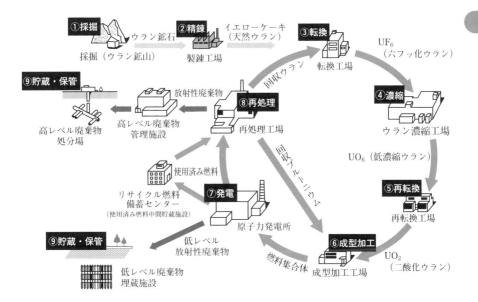

① 採掘：ウラン鉱山で，ウラン鉱石を採掘
② 精錬：ウラン鉱石から天然ウランを取り出し，イエローケーキと呼ばれる黄色い粉末を生成する．
③ 転換：イエローケーキから六フッ化ウランを生成する．
④ 濃縮：^{235}U の含有率を約 0.7% から 3～5% に濃縮し，低濃縮ウランとする．
⑤ 再転換：濃縮された六フッ化ウランを二酸化ウランにする．
⑥ 成型加工：二酸化ウランをジルコニウム合金などの被覆管で密封し，燃料集合体（燃料棒）として加工する．
⑦ 発電：原子炉内で燃焼させる．
⑧ 再処理：使用済燃料に含有されている，燃え残りの約 1% の ^{235}U および生成された約 10% のプルトニウム（^{239}Pu）を回収する．
⑨ 貯蔵・保管：レベルに応じた形状で貯蔵・保管される．高レベル廃棄物はガラス固化体として固化される．

第1図　核燃料サイクル

基本例題にチャレンジ

　天然ウランは非核分裂性の　(1)　が大部分を占めており，軽水炉の燃料としては，ウラン235の含有率を　(2)　％まで　(3)　して使用する.

　一方，使用済み燃料中には，天然ウランに含まれている以上のウラン235が残っており，さらに，核分裂性物質である　(4)　が生成されている.

　これらを使用済み燃料から分離して取り出し，混合酸化物燃料（MOX燃料）として軽水炉に再使用することにより，ウラン資源を有効に利用することができる.この方式を　(5)　という.

やさしい解説

(1) 核燃料と核分裂のしくみ

　現在の原子力発電所で用いられているのは，^{235}Uである.天然ウランは，^{238}Uが大部分であり，

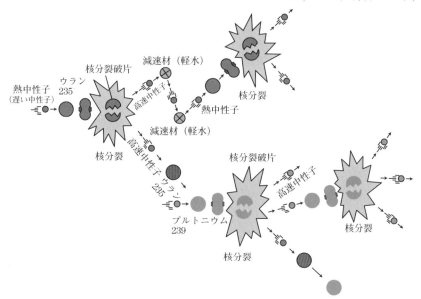

第2図　核分裂のしくみ

燃料として使用できる ^{235}U は約 0.7％程度である．これを 3〜5％に濃縮した低濃縮ウランを核燃料として使用している．

第 2 図に核分裂のしくみを示す．一つの ^{235}U が核分裂すると，約 200 MeV のエネルギーと 2〜3 個の高速中性子が放出される．これを，減速材にて 0.025 eV の熱中性子に減速させ，連鎖反応させる．核分裂の制御は，熱中性子を吸収する材料で作成された制御棒にて行われる．

(2) プルサーマル

発電後の使用済燃料には，約 1％の ^{235}U および約 10％のプルトニウム（^{239}Pu）が含まれている．これらの有用な燃料物質と放射性廃棄物とを分離し，燃料物質を回収する方法を「再処理」という．

MOX（Mixed Oxide）燃料は，この再処理にて得られたプルトニウムと天然・回収ウランとを混合した燃料で，軽水炉では，4〜9％のプルトニウムが含まれた燃料を使用する．この MOX 燃料を燃料として再利用することをプルサーマルといい，プルサーマルにより約 1/3 のウラン燃料が節約される．再処理を行うと，使用済燃料自体を放射性廃棄物とする場合と比較し，高レベル放射性廃棄物が 1/2 以下に減容され，放射性廃棄物処分に対する負荷が軽減されるメリットもある．

● 解 答 ●

(1) ウラン 238 (2) 3〜5 (3) 濃縮 (4) プルトニウム
(5) プルサーマル

応用問題にチャレンジ

軽水型原子力発電所の炉心を構成する要素を四つ挙げ，その概要を説明せよ．

● 解 答 ●

1. 核燃料

中性子の吸収による核分裂によって，熱エネルギーを発生する．軽水炉の核燃料には，低濃縮ウランが使用される．

核燃料は，焼き固めたもの（ペレット）を，中性子を吸収しないジルコニウム合金などの被覆管で密封し，燃料集合体（燃料棒）として加工されている．

第 3 章　原子力

2. 減速材

減速材は，核分裂によって発生した高速中性子（約2 MeV）のエネルギーを衝突により奪い，0.025 eV の熱中性子に減速させる．軽水炉では，軽水（H_2O）が使用される．

3. 冷却材

冷却材は，核分裂で発生する熱を外部に取り出す熱媒体である．軽水炉では軽水（H_2O）が使用される．

4. 制御棒

核分裂反応を調節するためのもので，原子炉の起動・停止，出力制御に使用される．中性子を吸収しやすい，ホウ素（B），カドミウム（Cd），ハフニウム（Hf）などを棒状にし，燃料の間を出し入れする．

原子炉のしくみ

原子炉は，核燃料，減速材，冷却材，制御棒からなる炉心および炉心を囲う反射材，遮へい材からなる（第3図参照）．

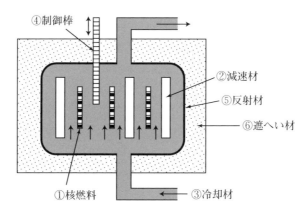

第3図　原子炉の構成

① 核燃料

核燃料は，焼き固めたもの（ペレット）を，中性子を吸収しないジルコニウム合金などの被覆管で密封し，燃料集合体（燃料棒）として加工する．

② 減速材

減速材は，核分裂によって発生した高速中性子（約2 MeV）を0.025 eV の

熱中性子に減速させる．軽水（H_2O），重水（D_2O），黒鉛（C）などが使用される．

③　**冷却材**

冷却材は，核分裂で発生する熱を外部に取り出す熱媒体である．軽水（H_2O），重水（D_2O），炭酸ガス（CO_2）などが使用される．

④　**制御棒**

核分裂を調節するためのもので，原子炉の起動・停止，出力制御に使用される．中性子を吸収しやすい，ホウ素（B），カドミウム（Cd），ハフニウム（Hf）などを棒状にし，燃料の間を出し入れする．

⑤　**反射材**

中性子が炉心から炉外に漏れ，損失となるのを抑制する．軽水（H_2O），重水（D_2O）などが使用される．

⑥　**遮へい材**

放射線が，炉外に放出されるのを防止するもので，コンクリートや鉛などが使用される．

・原子炉の構成を，4要素を中心にしっかり把握しよう．
・核燃料サイクルの基本事項として，再処理，プルサーマル，MOX燃料などの用語を説明できるようにしておこう．

演 習 問 題

【問題】

核燃料サイクルにおいて，高速増殖炉（FBR）を使用するメリットについて説明せよ．

● 解 答 ●

高速増殖炉の燃料は，図1のように ^{239}Pu と ^{238}U からなる MOX 燃料であり，天然ウランの大部分を占める ^{238}U を原子炉の中で ^{239}Pu（プルトニウム）に変

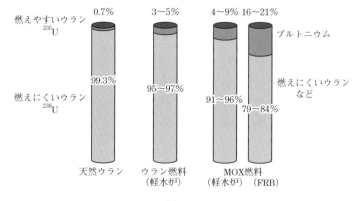

燃えやすいウラン
^{235}U

燃えにくいウラン
^{238}U

0.7%　　3～5%　　4～9% 16～21%

99.3%　　95～97%　　91～96%　　79～84%

プルトニウム

燃えにくいウラン
など

天然ウラン　　ウラン燃料
（軽水炉）　　MOX燃料
（軽水炉）　（FRB）

図 1

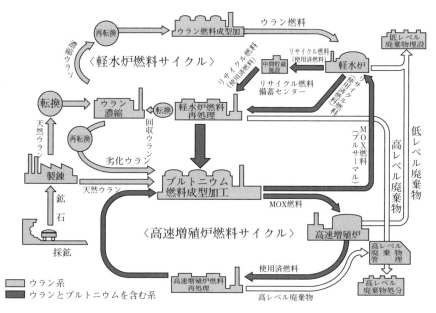

※　高速増殖炉（FBR）については，「3.2 原子力発電ユニットの種類と特徴」の項を参照

図 2

えながら，運転する．この ^{239}Pu は ^{235}U と同じように中性子と反応して核分裂を起こすため，原子炉の燃料として利用することができる．

　この結果，軽水炉では天然ウランの1%程度を有効に利用できるに過ぎないが，サイクルの中で高速増殖炉を有効に用いることにより，この利用できる割合は70%以上に高まりウラン資源を十分に利用することができる．図2は，高速増殖炉を含んだ核燃料サイクルである．

第3章 原子力

3.2 原子力発電ユニットの種類と特徴

要点　原子力発電ユニットは，その発電方式の違いにより分類され，それぞれ，次のような特徴を持つ.

1. 軽水炉

軽水炉は原子炉冷却材および原子炉減速材として軽水を利用し，低濃縮ウランを核燃料として使用する原子炉であり，現在日本で稼働しているほとんどの原子炉が軽水炉である. 軽水炉には沸騰水型と加圧水型の2種類がある.

(1) BWR（沸騰水型）（第1図参照）

沸騰水型原子炉（BWR：Boiling Water Reactor）は，軽水を炉心で沸騰させて蒸気を発生させ，これを原子炉圧力容器の上部（気水分離器）で水分と完全に分離した後，タービン発電機に直接送って発電する.

この方式は，PWRと比べ蒸気発生器が不要である分構造が簡単であるが，放射能の管理は広い範囲（原子炉建屋からタービン建屋まで）にわたる.

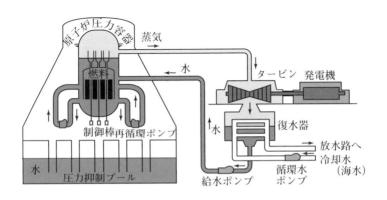

第1図　沸騰水型原子炉

(2) PWR（加圧水型）（第2図参照）

　加圧水型発電用原子炉（PWR：Pressurized Water Reactor）では，放射性物質を原子炉系内に留めるため一次系（原子炉系）と二次系（蒸気系）とから構成されている．炉心で加熱された高温高圧水（一次系）は沸騰せず，高温高圧のまま蒸気発生器に送られ，熱交換により二次冷却水を熱し蒸気を発生させ，この蒸気をタービン発電機へ送って発電する．

　この方式は，放射能を帯びた一次冷却水がタービン建屋にまで達することはないため，管理範囲が限定されるが，多数の細い伝熱管で構成される蒸気発生器が必要となるなど，構造が複雑となる．

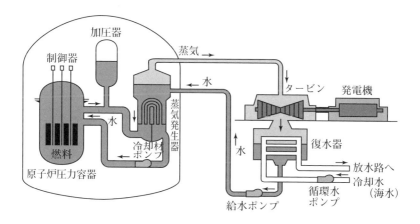

第2図　加圧水型原子炉

2. 新型転換炉（ATR：Advanced Thermal Reactor）

　沸騰水型発電プラントとほぼ同様な構成である．ただし，減速材に重水を使用しているため重水系が加わり系統全体としては複雑となっている．中性子の吸収が少ない重水を減速材とするため，天然ウランやプルトニウムと混合した回収ウランを燃料とすることができ，ウラン資源やウラン濃縮量の節約が図れる．

　1979年に運転を開始した新型転換炉「ふげん」は2003年3月29日運転終了し，同年9月30日新型転換炉の開発業務を終了した．

3. 高速増殖炉（FBR：Fast Breeder Reactor）（第3図参照）

高速増殖炉は，燃料としてウラン・プルトニウム混合酸化物燃料（MOX 燃料），冷却材として液体金属ナトリウムを使用し，減速材を使用せず高速中性子によるプルトニウムの核分裂を利用する．冷却材に液体金属ナトリウムを使用していることにより，高温低圧で冷却系を運転できる利点があるが，化学的に活性なナトリウムの漏洩対策などが必要となる．原子炉の中で発電しながら，^{238}U を ^{239}Pu（プルトニウム）に変え，消費した以上の核燃料を生成（増殖）する．わが国の「もんじゅ」（2018 年 3 月に廃止措置計画認可）は高速増殖炉の原型炉であり，増殖比約 1.2 を目標としていた．

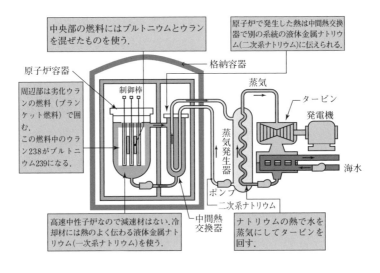

第3図　高速増殖炉

4. ガス冷却炉（GCR：Gas Cooled Reactor）

天然ウランを燃料とし，黒鉛を減速材に炭酸ガスを冷却材に使用した原子炉．出力の割には大形となり経済性が低いという難点があったが，天然ウランを使用し，安全性が高い．東海発電所で採用されたが，主として経済性の観点から 1998 年 3 月末日で運転を終了した．

5. 高温ガス炉（HTGR：High Temperature Gas Cooled Reactor）

黒鉛を減速材に減速ヘリウムを冷却材に使用した原子炉．燃料には，ウラン

の他トリウムも実用化されている．冷却材温度を 700℃以上にすることができるため，蒸気およびガスタービン高効率発電のみならず，水素製造，合成燃料製造プロセスへの核熱利用が期待されている．

基本例題にチャレンジ

現在，世界で運転中の原子力発電設備の大部分は軽水炉であるが，これには 　(1)　 型軽水炉と 　(2)　 型軽水炉の2種類がある．一方，燃料の有効活用およびプラント効率向上の面から，新型炉の開発が進められており，わが国では，微濃縮ウランおよび天然ウランを燃料とし，重水減速，軽水冷却により，^{238}U の転換率を改善する「ふげん」が開発されていたが，この原子炉は 　(3)　 炉と呼ばれている．さらに転換率を上げ，高速中性子により ^{238}U を ^{239}Pu に変化し，燃焼可能としたものが 　(4)　 炉である．また，冷却材に He を用い，高い冷却材温度とし，熱効率の改善を図ったものは，　(5)　 炉と呼ばれる．

1.　軽水炉

軽水炉は原子炉冷却材および原子炉減速材として軽水を利用し，低濃縮ウランを核燃料として使用する原子炉．沸騰水型と加圧水型の2種類がある．

2.　新型転換炉（ATR：Advanced Thermal Reactor）

中性子の吸収が少ない重水を減速材とするため，天然ウランやプルトニウムと混合した回収ウランを燃料とすることができ，ウラン資源やウラン濃縮量の節約が図れる．「ふげん」で採用された．

3.　高速増殖炉（FBR：Fast Breeder Reactor）

燃料としてウラン・プルトニウム混合酸化物燃料を使用し，冷却材として液体金属ナトリウムを使用し，減速材を使用せず高速中性子によるプルトニウムの核分裂を利用する．「もんじゅ」で採用されていた．

4.　高温ガス炉（HTGR：High Temperature Gas Cooled Reactor）

黒鉛を減速材に，ヘリウムを冷却材に使用した原子炉．冷却材温度を 700℃

以上にすることができる.

● 解　答 ●

　(1) 沸騰水　(2) 加圧水　(3) 新型転換　(4) 高速増殖　(5) 高温ガス

　((1)と(2)は入れ替わっても可)

応用問題にチャレンジ

> BWR および PWR の出力制御方法について，概要を述べよ.

● 解　答 ●

1. BWR の出力制御方法

　BWR における出力制御は，まず原子炉出力を調整し，その後にタービン蒸気加減弁の開度を調整することによって圧力一定に制御し,出力を調整する（原子炉優先方式）.BWR の出力調整は，制御棒による方法と炉心流量の制御による方法とがある.前者では，制御棒を炉心内に挿入すると中性子が吸収され，原子炉の核反応が減少し，出力が減少する.また，後者では，循環ポンプにより炉心流量を減少させると原子炉内のボイドの体積比率が増加し，原子炉出力は減少する.

2. PWR の出力制御方法

　PWR ではボイドが発生しないので，まずタービンの蒸気加減弁の開度を調整し，その後に原子炉の出力を調整する（タービン優先方式）.

　PWR の出力調整は，制御棒による方法と一次冷却材のホウ素濃度を制御する方法とがある.ゆっくりした負荷変動に対しては後者による制御方法で対応している.この場合，ホウ素濃度を減少させると原子炉出力は増加する.

1. BWR の出力制御方法

　BWR では原子炉優先方式が採用されており，電力系統の要求負荷に応じて，まず原子炉出力を調整し，その後にタービン蒸気加減弁の開度を調整することによって圧力一定に制御し，出力を調整する.

　原子炉の出力制御は，①制御棒位置の調整および②原子炉再循環流量の調整の２方法によって行われる.前者は主として始動停止時，低出力時に，後者は

高出力時に用いられる.

①　制御棒の位置調整

制御棒の位置調整は炉心の下部（第4図参照）から行われ，始動・停止などの大幅な出力調整時の他，長期間の燃焼に伴う反応度を補償するために行われる.

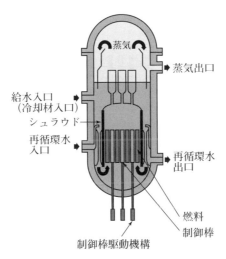

第4図　BWRの原子炉

②　再循環流量制御

再循環流量の調整は，再循環流量（蒸気ボイド量）に対して原子炉出力がほぼ比例的に変わる特性を利用するものであり，再循環ポンプの回転数を変えるか，再循環ポンプの吐出側に設置された流量制御弁の弁開度を調整して流量を変えることにより行われる.

出力が増加すると，蒸気ボイドが増え減速材密度が小さくなり，ウランの核分裂する割合が小さくなって反応度が低下する．逆に，出力が低下すると，蒸気ボイドが減少して減速材密度が大きくなり，反応度が増加する．このようにBWRには蒸気ボイド量の変動に起因する原子炉出力の自己制御性がある.

2. PWRの出力制御方法

PWRではボイドが発生しないので，出力制御にはタービン優先方式が採用されており，電力系統の負荷要求によりタービンの蒸気加減弁の開度を調整し，

その後に原子炉の反応度が調整される.

　原子炉の出力制御は，①制御棒制御方式，および②ホウ素濃度制御方式の2方式がある.

①　制御棒の位置調整

　通常運転状態でプラントの出力変更は，まず蒸気加減弁を調整してタービンへの蒸気流量を加減することにより行われ，原子炉側ではその出力変化により炉心の上部より制御棒の位置調整をする（第5図参照）.

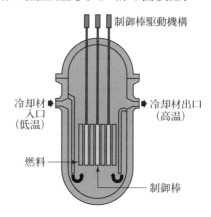

制御棒駆動機構

冷却材
入口
（低温）

冷却材出口
（高温）

燃料

制御棒

第5図　PWRの原子炉

②　ホウ素濃度制御

　一次冷却材中のホウ素濃度の制御を行う．ホウ素が中性子を吸収するため，ホウ素濃度が増加すると，炉心の反応度が低下し，出力が低下する．ホウ素濃度の制御は，フィード・アンド・ブリード方式（高濃度ホウ酸水または純水を注入），またはイオン交換処理方式（イオン交換樹脂がホウ酸を吸着・放出）の2方式がある.

・BWR，PWR，ATR，FBRのそれぞれの構造と特徴について確実にマスターしよう.
・BWR，PWRの出力制御方法についても把握しておこう.

演 習 問 題

【問題】

原子力発電プラントの BWR, PWR のそれぞれの特徴を説明せよ.

● 解 答 ●

1. BWR

(1) 構造

軽水を炉心で沸騰させて蒸気を発生させ, これを原子炉圧力容器の上部（気水分離器）で水分と完全に分離した後, タービン発電機に直接送って発電する.

(2) 特徴

① 蒸気発生器が不要で構造が簡単.

② 原子炉容器が大形化する.

③ 放射能を帯びた蒸気がタービンまで送られるため, 放射能管理範囲は広い（原子炉建屋からタービン建屋まで）.

④ ボイドの存在により, 自己制御性を持つ.

⑤ 出力制御は原子炉優先方式で, 制御棒の操作と再循環流量制御により行う.

2. PWR

(1) 構造

放射性物質を原子炉系内に留めるため, 一次系（原子炉系）と二次系（蒸気系）とから構成されている. 炉心で加熱された高温高圧水（一次系）は沸騰せず, 高温高圧のまま蒸気発生器に送られ, 熱交換により二次冷却水を熱し蒸気を発生させ, この蒸気をタービン発電機へ送って発電する.

(2) 特徴

① 放射能を帯びた一次冷却水がタービン建屋にまで達することはないため, 管理範囲が限定される.

② 原子炉容器は小形化できる.

③ 多数の細い伝熱管で構成される蒸気発生器が必要となるなど, 構造が複雑となる.

④ 出力制御はタービン優先方式で, 制御棒の操作と一次冷却水のホウ素濃度の調整により行う.

第4章　変電

第4章 変電

4.1 変圧器の冷却方式・騒音対策

**要点**

1. 油入変圧器の冷却方式

　油入変圧器の冷却方式には主として以下の5種類がある.

（1）油入自冷式

① 油の自然対流により放熱する方式

② 構造と保守が簡単. 小容量変圧器に適用

（2）油入風冷式

① 油入自冷式のラジエータに冷却器ファンを取り付けて強制冷却する方式

（3）送油自冷式

① 送油ポンプで油を強制循環させることにより冷却する方式

② 放熱器を変圧器本体と別置することが可能であり, 騒音対策上有利

（4）送油風冷式

① 送油ポンプで油を強制循環させ, 冷却器ファンで強制冷却

② 大容量変圧器に適用

（5）送油水冷式

① 二次冷却系として水を循環させ, 冷却する方式

② 地下式の水力発電所用の変圧器などに適用

2. 変圧器の騒音発生原因とその対策

（1）騒音発生原因

〈本体の発生源〉

① 磁気ひずみによる鉄心の振動

② 鉄心の継目, および鉄板の成層間に働く磁力による振動

③ コイル, 導体間に働く電磁力による振動

④ タンクの共振

〈本体以外の発生源〉

① 冷却器ファンによる騒音

② 送油ポンプによる騒音

(2) 騒音低減対策

① 鉄心の磁束密度の低下

② 方向性けい素鋼板の使用

③ 振動伝達防止，および二重タンク構造の採用

④ 防音壁の設置，変圧器の屋内化

⑤ 冷却器ファンの騒音の低減

基本例題にチャレンジ

変圧器の騒音発生原因および騒音低減対策について述べよ．

やさしい解説 変圧器は，解答に述べるような原因により騒音を発生する．騒音に関する環境保全の規則基準は，「騒音規制法」および，これに基づく都道府県または市町村の条例に定められており，変電所設計の際には，これを遵守しなければならない．

実際の変電所設計の際には，変電所の敷地境界における騒音をどこまで減音する必要があるか，目標を設定し，次に騒音源ごとの許容騒音値を算出決定している．

● 解 答 ●

1. 騒音発生原因

(1) 変圧器本体の騒音発生原因

① 磁化の半サイクルごとに鉄心が伸縮する，いわゆる磁気ひずみによる振動

② 鉄心の継目および鉄板の成層間に働く磁力による振動

③ 巻線電流と漏れ磁束との相互作用により発生する電磁力

④ タンク，その他構造物の共振

第4章 変電

(2) 本体以外から発生する騒音

    ① 風冷式の場合, 冷却ファンから発生する騒音

    ② 送油ポンプの騒音

2. 騒音低減対策

(1) 本体での対策

    ① 鉄心の磁束密度を低下させる.

    ② 方向性けい素鋼板を使用する.

    ③ 二重タンク構造とする.

    ④ 防振材を挿入し, 鉄心からタンクへ振動が伝達されるのを防止する.

(2) 冷却ファンでの対策

    ① ファンの回転数を下げる.

(3) 遮音による対策

    ① 防音壁を設ける.

    ② 変圧器を屋内式とする.

応用問題にチャレンジ

油入変圧器の冷却方式の種類を挙げ, その概要について述べよ.

● 解 答 ●

1. 油入自冷式

鉄心およびコイルに発生した熱を油に伝え, 油の自然対流により放熱する方式. 構造が簡単であり, 運転保守が容易である. 小容量(30 MV·A 程度以下)のものに適用されている.

2. 送油自冷式

油入自冷式において, 油の循環を送油ポンプを用いて強制的に行わせるようにしたもの. 変圧器本体を屋内に設置し, ラジエータを屋外に設置する場合に用いられることが多い. 騒音発生源の変圧器本体を屋内に配置することで, 騒音対策上有利である.

3. 油入風冷式

油入自冷式のラジエータに送風機を取り付け, 強制的に風を吹き付けて放熱

効果を高めるようにしたもの．冷却器ファンの騒音対策が必要な場合もある．

4. 送油風冷式

送油ポンプで油を循環させ，ラジエータに取り付けた送風機によって冷却する方式．冷却効果が大きいため，大容量変圧器はこの方式による．

5. 送油水冷式

送油ポンプで強制循環させた絶縁油を熱交換器に導き，二次冷却系として水を循環させ，冷却塔で冷却する方式．保守に手間がかかるが，地下式大容量変電所のように冷却上制約がある場合に適用される．

変圧器の冷却方式は，一般的には次のように分類される．

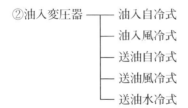

①乾式変圧器 ── 乾式自冷式
　　　　　　 └─ 乾式風冷式

②油入変圧器 ── 油入自冷式
　　　　　　 ├─ 油入風冷式
　　　　　　 ├─ 送油自冷式
　　　　　　 ├─ 送油風冷式
　　　　　　 └─ 送油水冷式

乾式変圧器とは，絶縁油を使用していない変圧器である．乾式自冷式は鉄心や巻線の表面で空気の自然対流によって冷却する方式である．乾式風冷式は，鉄心や巻線に直接空気を吹き付けて冷却する．

・変圧器（特に油入変圧器）の冷却方式について，それぞれの特徴を理解しよう．
・変圧器の騒音の発生源およびその低減対策について，理解しよう．

右余白縦書き：第4章 変電

演 習 問 題

【問題】

変圧器の騒音を低減する方法を五つあげ，その低減効果を述べよ．

● 解 答 ●

1. 鉄心の磁束密度を低下させる．

鉄心から発生する騒音は，主として磁気ひずみによるもので，これは，磁束密度を低下させることにより低減できる．5～10ホン程度低減が可能である．

2. 方向性けい素鋼板を使用する．

磁気ひずみが少なくなる．2～3ホン低減できる．

3. 中身の振動伝達防止および二重タンク構造の採用

鉄心からタンクに振動が伝達されることを防止する方法で，2～3ホン低減できる．また，タンクを二重にすることにより，5～10ホンの低減が可能となる．

4. 防音壁の設置および変圧器の屋内設置

防音壁を設置した方向に対しては，10～15ホンの低減ができる．

5. 冷却ファンの騒音を低減させる．

冷却ファンに回転数の低いファンを使用することにより，5～10ホンの改善が可能である．

第4章 変電

4.2 電力系統の絶縁協調

1. 電力系統の絶縁協調

絶縁協調とは，想定される過電圧，保護特性，および保護対象機器の絶縁強度を考慮し，機器の絶縁強度を保護レベルよりも高くとり，技術上，経済上，運営上合理的な設計を選定することをいう．

2. 想定される過電圧

（1）雷サージ

雷が鉄塔や架空地線に落ち，鉄塔側から送電線側に逆フラッシオーバすることにより発生する．一般には，逆フラッシオーバが最も過酷である．

（2）開閉サージ

遮断器の開閉により発生する過電圧．送電線の系統構成や中性点の接地方式などにより，発生するサージの大きさは異なる．

（3）短時間交流過電圧

1線地絡故障により健全相に発生する過電圧や，負荷遮断により発生する過電圧などがある．

3. 保護対象機器の絶縁強度

電力系統に接続される機器は，平常時はもちろん，想定される過電圧に耐えなければならず，絶縁強度は機器の信頼度を決定する最も重要な要因である．

通常，機器は，定められた試験電圧，試験時間に耐えられるように設計されており，その電気的強度を絶縁強度という．

4. 技術上，経済上，運営上合理的な設計の選定

系統に接続される機器の絶縁強度を把握した上で，避雷器の設置場所や設置数，さらには架空地線，アークホーンの間隔，がいしの個数などを検討し，過電圧を抑制する．

特に，GIS母線変電所では，EMTPなどのプログラムを用いて解析を実施し，

検討する必要がある.

文中の空欄に当てはまる字句または数値を記入しなさい.

変電所に発生する過電圧は，雷サージや ☐(1)☐ サージというサージ性過電圧と地絡過電圧や ☐(2)☐ による電圧上昇という短時間交流過電圧の2種類に大別される．絶縁物に過電圧が加わった場合の絶縁破壊に至る特性としては， ☐(3)☐ 特性があり，これにより絶縁破壊を起こすことが決まる．特に，雷により発生する過電圧の波形は，一般的な他のサージ性過電圧に比べて ☐(4)☐ 値が大きく，かつ， ☐(5)☐ が急しゅんな場合が多く，変電所の絶縁協調の検討に当たって重要となる.

やさしい解説

各過電圧の概要は以下のとおりである.

1. 雷サージ

（1）発生要因

雷が電力線に直接進入することにより発生する過電圧，および架空地線に落雷し鉄塔の電圧上昇により逆フラッシオーバし，電力線に進入する過電圧.

（2）様相

数マイクロ秒オーダーの過電圧．機器にとっては，逆フラッシオーバによるものが最も過酷であり，これが絶縁設計に反映されている.

2. 開閉サージ

（1）発生要因

遮断器の開閉時や送電線地絡故障時，健全相に発生するサージ性過電圧.

（2）様相

数百マイクロ秒オーダの過電圧．投入時に厳しいことから，これが絶縁設計に反映される.

3. 断路器サージ

（1）発生要因

断路器開閉の際，極間の再点弧により発生する過電圧.

（2）様相

開閉サージよりも，むしろ雷サージに類するが，雷サージよりも小さいため，絶縁設計には反映されていない．

4. 1線地絡時の健全相電圧上昇

（1）発生要因

1線地絡時に健全相に発生する過電圧．

（2）様相

一般的に，送電線のほうが変電所よりも厳しい．

5. 負荷遮断時の電圧上昇

（1）発生要因

負荷遮断時にフェランチ現象などにより発生する過電圧．

（2）様相

発電機が線路に単独で接続された系統が厳しい．

● 解　答 ●

（1）開閉　（2）負荷遮断　（3）$V-l$　（4）波高　（5）波頭

応用問題にチャレンジ

電力系統の絶縁協調について述べよ．

● 解　答 ●

1. 絶縁協調とは

電力系統の絶縁協調とは，送電線の絶縁設計，変電所の機器の絶縁強度，避雷器の保護性能など，絶縁に関する事項について協調を図り，系統全体について，過電圧に対して安全かつ経済的な絶縁設計を行うものである．

2. 基本的な考え方

（1）開閉サージおよび商用周波異常電圧に対しては，絶縁破壊を起こさない．

（2）雷サージに対しては，

①　架空送電線では，系統信頼度から，許容できる値以下に雷害事故率を抑制する．

② 変電所では，雷害事故を皆無とする．

3. 各設備の具体的な絶縁設計の要点

① 送電線は，内部異常電圧では絶縁破壊を起こさないよう設計する．雷サージについては，遮へい，塔脚接地抵抗の低減などを行うが，遮へい失敗や逆フラッシオーバは完全には避けられないので，ある程度は許容する．

② 送電線によっては，2回線の場合，不平衡絶縁とすることもある．

③ 架空線とケーブルの接続部では，ケーブルに進入する異常電圧を抑制するため，必要に応じて避雷器を設置する．

④ 変電機器の開閉サージに対する耐力は，一般には雷サージおよび商用周波の耐電圧特性の検証によってカバーされる．

⑤ 変電機器の雷サージ対策としては，避雷器を効果的に設置し，機器の絶縁強度を避雷器による保護レベル以上に保つ．

⑥ 主要変圧器が損傷すると復旧に長時間を要するため，主要変圧器に近い位置に避雷器を設置する．

⑦ GIS変電所は，変圧器と同等の保護が必要であることなどから，サージ電圧の解析，検討を行う．一般的には線路引込口に避雷器を設置すれば全体の保護ができるが，広がりが大きい設備では，さらに多くの避雷器を設置する．

解答では，変電所と送電線の絶縁協調にポイントを絞って記述してある．ポイントは以下の点であろう．

・絶縁協調とは，機器の絶縁強度を保護レベルよりも高くとり，技術上，経済上，運営上，最も合理的な絶縁設計を行うことを指す．

・電力系統に発生する過電圧には，さまざまな種類があるが，サージ性のものと，短時間交流過電圧に大別される．サージ性のものには，雷サージ，開閉サージなどがあり，短時間交流過電圧には，1線地絡時の健全相の電圧上昇，負荷遮断時の電圧上昇がある．

・開閉サージ，および短時間交流過電圧に対しては，絶縁破壊を起こさないよう，設計を行う．また，雷サージに対しては，架空送電線では系統信頼度から許容できる値以下に雷害事故を抑制し，電気所では雷害事故を皆無

とする.

具体的な絶縁設計

1. 架空送電線

① 内部異常電圧に対しては，フラッシオーバを起こさないように絶縁設計を行う.

② 雷サージに対しては，系統信頼度から許容できる値以下に雷害事故を抑制する.

〈具体的な検討項目〉

① 架空地線

② 塔脚接地抵抗の低減

③ アークホーンの間隔

④ がいしの個数

2. 変電所

① 基本的に，変電所においては，雷害事故を皆無とする.

　直撃雷に対しては，架空地線によって遮へい.

　近接雷による変電所構内への雷サージ進入に対しては，避雷器により対応する.避雷器の設置位置については，変電所の形態に応じて個別に検討する.

② 開閉サージに対しては，275 kV 以下の場合は，雷サージの検証でカバーされる.500 kV 以上の変電所では，開閉サージを処理できる避雷器を設置して，過電圧を抑制する.

③ 内部異常電圧に対しては，機器，設備が十分な絶縁耐力を持つように設計する.

演 習 問 題

【問題】

変電所の絶縁設計について，考慮すべき異常電圧とその対策について述べよ.

第4章　変電

● 解　答 ●

1. 雷サージとその対策

① 直撃雷：機器設備を避雷器によって保護することは困難であるため，架空地線によって遮へいし，接地を完全にする.

② 遠方雷：一般に変電所にサージが到達するまでに波高値が減衰するため，避雷器によって十分保護できる.

③ 近接雷：至近端雷撃による近接雷は，最も過酷である．この雷を最も過酷な雷サージであると想定し，EMTP などのコンピュータ解析によって避雷器の設置位置などの検討を行う．気中絶縁変電所においては，変圧器付近に避雷器を設置するが，この避雷器により母線全体を保護する．また，引込口は，気中ギャップにて対処することが多い．一方，GIS 変電所においては，引込口，あるいは，引込口と変圧器付近に設置することが多い.

④ 誘導雷：一般には，変電所に侵入しても，機器絶縁を脅かすほどではない.

2. 開閉サージとその対策

① 275 kV 以下の設備の場合は，雷サージの検証でカバーされる.

② 500 kV 以上の回路では，一般に絶縁設計の対象となる．開閉サージを処理できる避雷器を設置することにより，サージ電圧の抑制を図る.

3. 持続的内部過電圧とその対策

地絡時の健全相の電圧上昇および負荷遮断による過電圧がある．これらは，避雷器による保護が期待できないため，機器そのものが十分な絶縁耐力を持つようにする.

4. 低圧制御回路への侵入サージとその対策

雷サージ，開閉サージからの移行サージなどが，低圧制御回路に侵入する場合がある．対策としては，金属シース付きケーブルの採用，制御ケーブルを高電圧回路から離す，などが考えられる.

第4章 変電

4.3 変電所の諸設計

1. 変電所の塩害対策

塩害は，海からの塩分粒子が陸地の系統設備に風などによって運搬され，がいし，ブッシング，電線に付着し，塩分付着機器の絶縁耐力が低下して事故が発生することを指す．塩害の対策としては，以下のようなものがある．

（1）設備上の対策

① 設備の隠ぺい化

屋内変電所とする．あるいは，ガス絶縁開閉装置（GIS）を用いる．

② がいし類の絶縁強化

がいし類に，標準よりも絶縁階級の高いものを用いる．あるいは，耐塩がいしを用いる．

③ 固定洗浄装置の設置

塩分付着量を測定し，規定値を超えた場合，がいし類に付着した塩分を注水により取り除く．

（2）保守上の対策

① がいしの表面処理

がいしの表面にシリコン・コンパウンドを塗る．

② がいしの洗浄

定期的に，または台風の際などにがいしを洗浄する．

③ 塩分付着量の測定

④ パイロットがいしを設け，定期的に塩分付着量を測定する．

2. GIS 変電所の特徴

GIS 変電所は，絶縁性能に優れた SF_6 ガスを充填した容器中に母線や開閉設備を収めた，ガス絶縁開閉装置（GIS）等によって構成される．

(1) メリット

①　SF_6ガスの優れた絶縁性能，消弧能力を生かして，小形化が可能．

②　SF_6ガスは，不燃性，無臭，無毒であり，安全性が高い（火災の恐れがない）．

③　金属ケースに収納されているため，信頼性が高い．

④　保守の省力化が図れる．

⑤　工場で製作されるため，工期の短縮が図れる．

(2) デメリット

①　屋外アルミパイプ型変電所に比べると，建設費に関しては高価である．

(3) SF_6ガスの応用例

① ガス遮断器

SF_6ガスの優れた消弧能力・絶縁強度を利用した遮断器で，SLF（近距離線路故障）や多重雷等の厳しい条件においても遮断性能に優れる．

② ガス絶縁変圧器

絶縁油に代わってSF_6ガス絶縁を用いた変圧器で，GISと直結して一体で配置できる．

③ ガス絶縁開閉装置（GIS）

SF_6ガスを充填した容器内に，母線，遮断器，断路器，避雷器，変成器等を収納し，充電部をエポキシ樹脂製の絶縁スペーサやブッシング等により支持した装置であり，気中絶縁に比べ大幅に縮小化できる．

基本例題にチャレンジ

文中の空欄に当てはまる字句または数値を記入しなさい．

SF_6ガス絶縁変圧器の特長は，　(1)　であり，地下や屋内変電所に適用した場合，消火設備や防火区画の合理化ができる．

また，油入変圧器に必要な　(2)　や　(3)　が不要であるため，変圧器室の高さが低減できる．

最近，GIS（ガス絶縁開閉装置）が普及しており，これらの蓄積技術をもとに，SF_6ガス絶縁変圧器は，GISとの合理的な配置設計による建物建設コストの低

減や長期信頼性が期待できるほか，　(4)　の省力化も可能である．

一方，SF_6 ガスは，絶縁油に比べて　(5)　が小さいため，大容量になるほど内部　(6)　に対する対策が必要となる．

大都市に建設される地下変電所や屋内変電所は，GIS（ガス絶縁開閉装置）や SF_6 ガス絶縁変圧器が適用されている．

SF_6 ガスの最大の特徴は，不燃性である点であり，したがって，油入変圧器で必要とされた消火設備や防火区画が不要となるメリットがある．また，SF_6 は気体であり，油入変圧器に必要なコンサベータや放圧管が不要となる．

SF_6 ガスの唯一の短所は冷却性能が絶縁油よりも劣ることである．絶縁油に比べると熱伝達率が小さいので，大容量になるほど，内部の温度上昇に対する対策が必要となる．

● 解　答 ●

(1) 不燃性　(2) コンサベータ　(3) 放圧管　(4) 保守

(5) 熱伝達率（または冷却能力）　(6) 温度上昇

応用問題にチャレンジ

ガス絶縁開閉装置とはどのようなものか簡単に説明し，かつその利点を述べよ．

● 解　答 ●

1. 装置の概要

変電所において，引込口，引出口から変圧器に至るまでの間には，母線，遮断器，断路器，計器用変圧器，計器用変流器，避雷器などの装置がある．ガス絶縁開閉装置（GIS）とは，これらの装置を金属容器の中に収納し，内部を絶縁性の高い SF_6 ガスで満たした構造の装置である．

一般に，遮断器には SF_6 ガス遮断器を用いる．遮断器は，それ自体の開閉状態をみて確認することができないので，高度な信頼性が必要である．

2. 利点

(1) 小形化

空気絶縁の場合に比べて，絶縁距離を大幅に縮小できる．このため，装置の占有容積が小さくなり，電圧階級が高くなるほどその効果が大きい．

(2) 信頼性

充電部が露出していないため，塩害による被害や，飛来物による事故の恐れがない．また，工場で組み立てられるため，高い信頼性を保つことができる．

(3) 安全性

絶縁に不燃性の SF_6 ガスを使用しているため，火災の恐れがない．

(4) 保守，点検の省力化

がいし類の清掃などが不要であり，保守，点検の省力化が図れる．

(5) 環境調和

設備が縮小化されるため，環境との調和を図りやすい．

変電所の形態には，主要変圧器の設置場所により，屋外，屋内，地下変電所の3種類があり，母線設備の種類としては，GIS，屋外アルミパイプ型がある．変電所の新設にあたっては，先行取得用地を使用することが多いため，用地の形状，面積，周囲環境などを勘案して形態を決める必要がある．

一般に，屋外アルミパイプ型の変電所と比較して，GIS型の変電所は高価であるが，解答で述べたようなメリットがあり，採用にあたっては，経済性，用地面積，土地造成などの条件を総合勘案して決定される．

〈大都市変電所に要求される設計〉

① 一般に用地費が高いため，経済的な設計になるように，信頼度の許す範囲で，縮小化を図る．

② 大都市では，変電所故障の影響が大きいため，高信頼度機器の採用を検討する．

③ 建設時の騒音を防ぐとともに，変電所を屋内化するなど，変電所全体の低騒音化を図る．

④ 火災や感電などの災害を起こさないよう，消火設備を設置するなど，防

災安全対策を万全にする.

⑤ 必要に応じて,周囲環境と調和の取れた設計とする.

演 習 問 題

【問題】

電力設備の塩害に関して次の問に答えよ.

(1) 塩害が電力設備に及ぼす影響について簡潔に説明せよ.

(2) 塩害による電力設備の被害を減少させるための対策について,項目を挙げて簡潔に説明せよ.

● 解 答 ●

(1) 塩害が及ぼす影響

屋外に設置されるがいしや変圧器のブッシング等の表面が,海水の塩分を含む風を受けて汚損されると,塩分が付着したがいし類の絶縁耐力が低下して,フラッシオーバ事故となる.

(2) 塩害対策

① 設備の隠ぺい化

がいし類が塩分を含んだ風を直接受けないよう,屋内変電所としたり,ガス絶縁開閉装置(GIS)等を採用する.

② がいし類の絶縁強化

がいし類に,標準よりも絶縁階級の高いものを用いる.また,耐塩がいしの採用,がいしの増結等を図る.

③ 洗浄装置の設置

塩分付着量を測定して規定値を超えた場合,がいし類に付着した塩分を注水により取り除く.

④ 撥水性物質の塗布

撥水性が強いシリコンコンパウンドをがいし類の表面に塗ることで,塩分や水分の付着を防止する.

第4章 変電

4.4 変電機器一般

1. 遮断器

遮断器は，負荷電流はもちろん，短絡電流などの故障電流も遮断できる開閉器であり，電流遮断時に発生するアークを消弧する方式により，以下のような種類に分類される．

（1）油遮断器

接点開極時にアークにより絶縁油が分解されて発生する水素ガスの冷却作用によってアークを消弧する．

（2）空気遮断器

アークに圧縮空気を吹き付けて消弧する．

（3）ガス遮断器

アークに SF_6 ガスを吹き付けて消弧する．

（4）真空遮断器

真空中で接点を開極するものであり，高真空の持つ高い絶縁耐力を利用する．

（5）磁気遮断器

遮断電流自身によって作られる磁界によってアークを引き伸ばし，アークシュートへ押し込めて消弧する．

2. 断路器

断路器は，機器または電路の両端に取り付けられ，それらの部分を電路から切り離すために用いるものである．特殊な装置を付加したいわゆる負荷断路器を除き，通常は負荷電流を切ることはできない．

3. 避雷器

雷サージや開閉サージなどの異常電圧から機器を保護するため，放電によって過電圧を制限し，かつ，その後に続流（放電電流に続いて流れる商用周波の電流）を遮断し，原状に復帰する機能を持つ装置．

避雷器の本体となる特性要素は，第1図のように非直線抵抗特性を持ち，放電電流通過後，続流を流さないことが必要である．

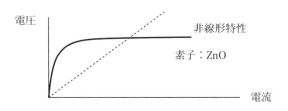

電圧

非線形特性

素子：ZnO

電流

第1図

基本例題にチャレンジ

文中の空欄に当てはまる字句または数値を記入しなさい.

油遮断器は，絶縁油の ___(1)___ によってアークを消弧する．また，空気遮断器は圧縮空気をアークに吹き付けて消弧する．

ガス遮断器は， ___(2)___ の優れた消弧能力を生かしたものであり，騒音が小さく，小形化が可能であることから，広い電圧階級で用いられている．

遮断器が異常なく遮断できる電流のことを ___(3)___ といい，これに定格電圧および $\sqrt{3}$ を乗じた値を ___(4)___ という．

また，定格遮断時間とは，規定の ___(5)___ に従って遮断する場合の遮断時間であり，定格周波数を基準としたサイクルで表示する．

そのほか，遮断器は，操作時の衝撃や風圧，地震等に耐えるよう，十分な ___(6)___ を有している必要がある．

やさしい解説

油遮断器は，接点開極時のアークにより絶縁油が分解されて発生する水素ガスの冷却作用によってアークを消弧する．ガス遮断器は，SF$_6$ガスをアークに吹き付けてアークを消弧するものである．

遮断器には，絶縁性能のほか，電流容量，投入・遮断性能，遮断時間，機械

的強度など，さまざまな性能が要求される．定格遮断電流とは，規定の回路条件の下で，標準動作責務に従って遮断することができる電流のことである．これに定格電圧および$\sqrt{3}$を乗じた値を定格遮断容量という．

● 解　答 ●

(1) 冷却効果　(2) SF_6　(3) 定格遮断電流　(4) 定格遮断容量

(5) 動作責務　(6) 機械的強度

応用問題にチャレンジ

　発変電設備等において，広く使用されている直列ギャップを有しない避雷器（ギャップレスアレスタ）の概要と特徴について述べよ．

● 解　答 ●

〈概要〉

　酸化亜鉛（ZnO）素子を使用した避雷器は，従来の炭化けい素（SiC）素子を使用した避雷器のように直列ギャップを必要としないギャップレスアレスタである．従来のアレスタは，直列ギャップにて電路から切り離す必要があったが，酸化亜鉛素子は極めて優れた非直線抵抗を示すため，わずかな電流しか流れず，実質的に絶縁物になるので，直列ギャップは不要となる．

〈特徴〉

① ギャップがないため，放電遅れによる問題がなく，急峻な過電圧も速やかに抑制することができる．

② 非直線性が極めて優れているため無続流となり，1回の動作で処理すべきエネルギー量が少ない．このため，繰り返し動作に強く，多重雷責務に優れた性能を持つ．

③ 特性要素だけで構成できるため，従来型よりも大幅に小形化が可能である．

④ 部品数が少なく，構造が簡単であるため，信頼性が向上する．

⑤ 直列ギャップがないため，耐汚損性能が優れており，運転，保守の省力化が図れる．

電気設備の絶縁破壊を防止するためには，各機器の絶縁を強化する方法がある．しかしながら，絶縁の強化による方法は，電圧階級が高くなるほど経済的な負担が大きくなり，しかも雷サージ電圧のような非常に高い電圧に対しては，技術的にも絶縁強化の実現は困難である．そこで，合理的な絶縁設計を行うため，電気設備の絶縁耐力よりも低いレベルに過電圧を抑制する必要がある．サージ電圧を抑制する手段としては，避雷器のほかに，気中ギャップなどがあるが，急峻なサージ電圧に対しては，放電遅れの現象が伴うなど，万全とはいい難い．そのために，電気設備の絶縁設計には，避雷器の存在は不可欠となる．

避雷器の基本作用は，以下のとおりである．（第2図参照）

① 異常電圧のない場合は，絶縁物として存在する．

② 異常電圧が発生した場合は，異常電圧を抑制し，機器を異常電圧から保護し，絶縁破壊を防止する．

③ 異常電圧を放電した後，続流（放電電流に続いて流れる商用周波の電流）を遮断し，避雷器自身が損傷することなく元の状態に復帰する．

④ 以上の動作を反復することができる．

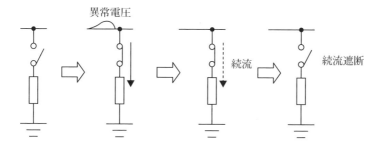

第2図

最近は，解答に述べたように，酸化亜鉛（ZnO）素子を使用したギャップレスアレスタが広く用いられている．

交流遮断器に関する主な用語

1. 定格遮断電流

全ての定格および規定の回路条件のもとで，規定の標準動作責務と動作状態に従って遮断することができる遅れ力

率の遮断電流の限度.

2. 定格遮断時間

規定の標準動作責務および動作状態に従って遮断する場合の遮断時間の限度.定格周波数を基準としたサイクルで表示する.

3. 標準動作責務

開路－閉路を一定時間を隔てて行う一連の動作を動作責務といい,基準となる動作責務のことを標準動作責務という.

演 習 問 題

【問題】

避雷器に必要な基本作用とその構成を述べよ.

● 解　答 ●

1. 基本作用

① 異常電圧を抑制し,機器を異常電圧より保護,絶縁破壊を防止する.

② 異常電圧を放電した後,続流を遮断し,避雷器自身が損傷することなく元の状態に復帰する.

③ 以上の動作を反復することができる.

2. 避雷器の構成

特性要素と直列ギャップにより構成される.この組み合わせを一単位として必要個数直列に接続するか,両者それぞれ独立に構成したものを直列にして使用する.

なお,最近の酸化亜鉛(ZnO)素子を使用した避雷器は,従来の炭化けい素(SiC)素子を使用した避雷器のように直列ギャップを必要としないギャップレスアレスタである.

4.5 変電所の母線構成と母線保護方式

要点

1. 母線構成の種類

(1) 単母線方式

　　需要規模が小さく，引出回線数が小さく，系統切替の必要のない配電用変電所や，小規模の変電所で採用されている．所要機器が少なく，スペースも小さくてすみ，経済的であるが，母線故障時に区分用の遮断器がない場合には全停となることから，系統運用上重要な変電所ではあまり採用されない．（第1図参照）

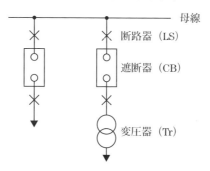

　　母線
　　断路器（LS）
　　遮断器（CB）
　　変圧器（Tr）

第1図　単母線方式の例

(2) 複母線方式

　ほとんどが二重母線方式であるが，特殊なものとしては三重母線方式もある．

① 　二重母線（標準的）方式（第2図参照）

　　母線連絡用遮断器を備えている．単母線方式と比較して，機器設備，所要面積が増えるが，点検時や事故時の運用が柔軟になる．

② 　二重母線4ブスタイ方式（第3図参照）

　　標準的な二重母線方式をさらに分割した方式であり，母線故障の場合，停電範囲を極限できるため，重要度の高い基幹系統変電所で用いられる．

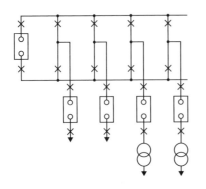
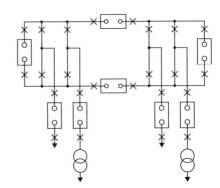

第2図　二重母線（標準的）方式の例　　第3図　二重母線4ブスタイ方式の例

(3) $1\frac{1}{2}$ 遮断器方式

第4図のように，2回線当たり3台の遮断器を用いる方式である．母線事故時の系統への影響がほとんどなく，遮断器点検の際，当該線路の停止を必要としないなどの利点がある．

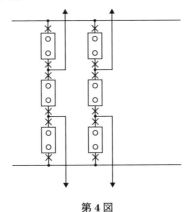

第4図

(4) 点検母線方式

配電用変電所などの比較的小規模の電気所に採用される．機器点検時の停電を極力避ける必要がある箇所で採用する．（第5図参照）

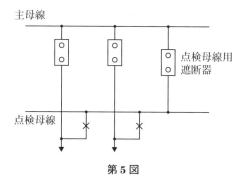

主母線

点検母線用
遮断器

点検母線

第5図

2. 母線保護方式

(1) 電流差動方式

　平常時および外部故障時は，母線への流入電流は流出電流と等しく，回路の合計電流はゼロとなるのに対して，母線に故障が発生したときは，ゼロとはならない．したがって，母線に接続された全回路の CT を差動接続して低インピーダンスの検出リレーを接続し，合成電流を流すことによって事故判別をする．

(2) 高インピーダンス差動方式

　母線に接続された全回路の CT を差動接続するのは電流差動方式と同じであるが，差動回路に高インピーダンスの検出リレーを接続する．内部事故時には数千 V の高電圧が発生するが，外部事故時には発生電圧が小さい．したがって，発生する電圧の大きさにより，故障の内部・外部を判定する．

(3) 位相比較方式

　差動方式が電気量の比較を行うのに対して，位相比較方式は，母線から流出する電流の位相を比較して事故の内部判定を行う方式である．各回路の CT の二次電流を，位相比較継電器で比較することになる．

　各回路の電流位相がすべて同位相の場合のみ，内部故障と判定する．

(4) 方向比較方式

　位相比較方式が電流位相を検出するのに対して，方向比較方式は，系統電圧を基準として電流の方向を検出する方式である．内部故障時は，電圧と電流が同相となりリレーが動作する．

変電所で用いられる母線方式を三つ以上あげ，それぞれの特徴について述べよ.

やさしい解説　発電所，変電所，開閉所に母線事故が発生すると，その影響範囲が広く，特に重要変電所での母線事故は系統崩壊につながる可能性があるため，保護上も特に留意する必要がある．母線の決定に際しては，

① 事故の極限化と復旧の迅速化

② 将来の増設を考慮した弾力的な運用

③ 設備の簡素化

④ 運用の容易化

などを考慮に入れ，母線方式を決定する.

● 解　答 ●

1. 単母線方式

単母線は，単一の母線による方式である（第1図参照）．単純な構成で経済的であることから，小規模の変電所で広く用いられている．二重母線方式のような弾力的な運用はできない.

2. 二重母線（標準）方式

標準的な二重母線方式は，母線連絡用遮断器を備えている（第2図参照）．単母線方式と比較して，機器設備，所要面積が増えるが，点検時・事故時の運用や，系統の運用がより弾力的となる.

3. 二重母線4ブスタイ方式

標準的な二重母線方式をさらに分割した方式であり，母線故障の場合，停電範囲を極限できるため，重要度の高い基幹系統変電所で用いられる．（第3図参照）.

4. $1\frac{1}{2}$ 遮断器方式

第4図のように，2回線当たり3台の遮断器を用いる方式である．母線事故時の系統への影響がほとんどなく，遮断器点検の際，当該線路の停止を必要と

しないなどの利点がある.

応用問題にチャレンジ

母線保護方式のうち，次の方式について概要を簡単に説明せよ.

(1) 差動継電方式

(2) 位相比較方式

(3) 遮へい母線方式

● 解 答 ●

(1) 差動継電方式

母線から出ている各回線に CT を設け，二次電流の代数和を差動継電器に加えると，外部故障時および平常時は，電流の代数和がゼロとなるが，母線内部事故時には故障電流に比例した電流が差動継電器に流れ，全回線を遮断する方式である.

(2) 位相比較方式

各回線を流れる電流の位相を比較して，母線事故を判別する方式である．各回線の電流の向きを母線に流れ込む方向を基準にとると，各回線の電流が全てその方向と同位相であれば内部故障，1 回線でも逆位相であれば外部故障と判定する.

(3) 遮へい母線方式

母線を遮へいケースで包み，ケースを母線および大地から絶縁し，その一部を導体で接地する．母線に故障が発生した場合は，接地導体に流れる電流を過電流継電器で検出する方式である.

母線故障は，局部遮断可能な故障と違い，電力供給に重大な支障を与えることが多く，故障除去の遅延は系統全体の信頼度，安定度を低下させることになる．よって，母線保護継電方式は系統全般の運用を考慮したものでなければならない．このため，次の基本事項を満足させる必要がある.

① 故障除去時間は安定度を阻害しない時間であること.

② 可能な限り故障遮断部分を局限化し，電力供給の障害を小さくすること．

③ 他の故障検出装置との動作の協調を図ること．

④ 母線は電力系統の要であるため，特に継電器の誤動作，誤不動作があってはならない．

・母線方式の種類と特徴を確実に理解しよう．その際，単線結線図で，母線の構成を描けるようにしていくことが必要である．

・母線保護方式については，その基本的な原理を理解し，概要を説明できるようにしておく必要がある．

演 習 問 題

【問題】

　変電所母線などの結線方式には，単母線方式，複母線方式（二重母線方式），ユニット方式などがあるが，結線方式の選定の一般的な考え方と特徴について，次の問に答えよ．

(1) 変電所の結線方式を決定する際に考慮すべきことを三つ述べよ．

(2) 単母線方式，複母線方式，ユニット方式について，該当する単線結線図の記号を下図からそれぞれ一つ選べ．

(3) 単母線方式，複母線方式について，それぞれの長所・短所を述べよ．

(イ)

(ロ)

(ハ)

(ニ)　電源側変電所

● 解　答 ●

(1) 変電所の結線方式を決定する際に考慮すべきこと（以下から三つ解答）

① 故障時の系統への影響

例：故障発生部分を最小限に切り離す.

② 工事に対する適応性，安全性

例：送電線の引出設備や変圧器を増設する際に，安全かつ円滑に工事できる.

③ 系統運用の容易性

例：電源立地や送電線用地の状況により系統構成が変化した際に対応できる.

④ 経済性

例：省スペース，所要機器が少ない.

(2) 単母線方式………　（ロ）

複母線方式………　（イ）

ユニット方式……　（ニ）

(3)

〈単母線方式〉

・長所：最も単純な母線方式であり，所要機器が少なく省スペースのため経済的

・短所：区分用の遮断器がない場合，設備点検時には変電所停止を要し，母線故障時には全停となる.

〈複母線方式〉

・長所：機器点検時や系統運用において，柔軟に対応できる.

・短所：機器設備，所要面積が増える.

第5章　送電

第5章 送電

5.1 電力系統の安定度

 **要点**

1. 安定度の概念

電力系統で負荷の変化や故障などの系統 擾乱に対して，同期機が同期運転を継続し，安定に運転できるか否かの度合いを系統の安定度という．

このうち，系統の微小擾乱（負荷変動など）に対して，安定に送電できる度合いを**定態安定度**という．なお，一般に，発電機の制御系（AVR，GOV）の動作を考慮に入れて，定常状態における同期運転を継続できる度合いを**動的定態安定度**と呼んでいる．

一方，大きな外乱（地絡故障，短絡故障など）が発生しても安定に送電できる度合いを**過渡安定度**という．大容量電源送電，長距離電源送電などでは，放置すれば発電機の脱調現象（同期外れ）から発電機が停止し，供給力不足から大停電を起こすこととなる．

2. 安定度向上対策

（1）送電電圧を高めること

送電できる電力は，$P = \dfrac{E_s E_r}{X} \sin \delta$ で表すことができる．

ただし，E_s：送電端電圧

E_r：受電端電圧

X：線路リアクタンス

δ：相差角

である．

よって，送電電圧を高めることができれば，同一出力に対しては相差角 δ が小さくなるため，安定度が向上する．

(2) インピーダンスを軽減する

$P = \dfrac{E_s E_r}{X} \sin \delta$ より，インピーダンスを軽減できれば，同一出力に対しては

相差角 δ が小さくなるため，安定度が向上する．

なお，インピーダンス軽減策としては，

①　直列コンデンサの採用

②　多導体送電線の採用

③　機器のリアクタンスの軽減

などがある．

(3) 高速遮断と高速再閉路の採用

故障が発生しても，できるだけ速くこれを除去すれば相差角の変動を小さく抑えることができる．また，故障除去後，自動的に遮断器を高速に再閉路すればそのまま送電を継続できるため，安定度の向上に寄与する．

(4) 制動抵抗

系統故障により安定度が失われるのは，発電機からの電気的出力が機械的入力に比べて小さくなり，発電機が加速するためである．したがって，発電機が加速し始めたら，発電機に負荷をつないで発電機の出力を増加するようにすれば，加速を抑えることができる．制動抵抗はこの目的で用いられる．

(5) 高速バルブ制御

発電機の機械的入力を高速に制御するため，系統故障時にインターセプト弁を急閉して，発電機の加速を一時的に抑制するものである．

(6) 電制装置の採用

事故に伴い系統の需給バランスが崩れ，電圧や周波数が大幅に変動する場合，需給のバランスが保たれるように余剰電源を自動的に系統から切り離す．

(7) 速応励磁方式と PSS による制御

応答速度の速い AVR（自動電圧調整装置）と，PSS（系統安定化装置）を効果的に組み合わせて用いることにより，安定度を向上させることができる．

第5章　送電

基本例題にチャレンジ

次の文章は，電力系統の安定度に関する記述である．文中の空欄に当てはまる字句を記入しなさい．

送電線によって伝送しうる電力は，送電端および受電端の電圧，線路インピーダンスなどによって決まる．一般に，系統の微小擾乱（負荷変動など）に対して，安定に送電できる度合いを　(1)　という．

同期発電機の　(2)　の動的な応答特性まで考慮した，定常状態における同期運転を継続できる度合いを　(3)　という．また，　(4)　のように，系統に大きな動揺がある場合に対しても，同期を保って運転しうる度合いを　(5)　という．

やさしい解説

安定度は，系統に生じる擾乱の大小により，定態安定度と過渡安定度に分類される．定態安定度は，極めて緩やかな負荷変化などの擾乱を生じても，安定に送電しうる度合いのことをいう．一方，過渡安定度は，系統故障などの急激な擾乱があっても，再び安定状態を回復して送電できる度合いのことをいう．

一方，発電機に応答速度が速いAVR（自動電圧調整装置）やガバナが付いていると，外部系統の変化に応じてこれらの制御系も複雑な応答をするので，発電機の安定性もこれらの動的な応答特性によって大いに影響を受ける．一般に，制御装置の動的な応答特性まで考慮に入れた場合の安定性を動的安定度と呼んでいる．

● 解　答 ●

(1) 定態安定度　(2) 制御装置　(3) 動的定態安定度

(4) 系統故障（または地絡，短絡など）　(5) 過渡安定度

応用問題にチャレンジ

電力系統の安定度向上対策について述べよ．

● 解　答 ●

次のような対策がある.

1.　電力系統のインピーダンスを小さくする.

① 送電線の並列回線数の増加などによる大容量化.

② 多導体を用いる.

③ 直列コンデンサの採用.

④ 発電機, 変圧器のインピーダンスの低減を図る.

2.　系統故障による影響を極限化する.

① 継電器, 遮断器に高速度のものを用い, 故障除去を高速に行う.

② 中間開閉所の設置.

③ 高速再閉路の採用.

3.　故障時の動揺を抑制する.

① 発電機に超速応励磁＋PSSを用いる.

② 系統故障時, 系統分離, 電源制限, 負荷制限などを自動的に行う系統
安定化装置を設ける.

4.　系統動揺時の発電機入出力の不平衡を少なくする.

① 高速バルブ制御を採用する.

② 制動抵抗を回路に挿入する.

　　　　2回線送電線において, 1回線遮断時の電力系統の過渡安定
度について考えてみよう. いま, 送電端電圧をE_s, 受電端電圧
をE_r, インピーダンスをX, 相差角をδとすれば, 送電しうる
有効電力は,

$$P = \frac{E_s E_r}{X} \sin\delta = P_m \sin\delta$$

により求められる. 系統に故障が発生し, 1回線遮断するまでを, $P-\delta$カー
ブにて表すと, 第1図のようになる.

　いま, P_0なる電力を並行2回線で送電中に, 1回線に故障が発生したと仮定
しよう. このとき, 送電電力は瞬時に低下し, 運転点はa点からb点に移る.
また, 発電機は機械入力過剰になって加速するため, 相差角は, 故障中のカー
ブBに沿って増加する.

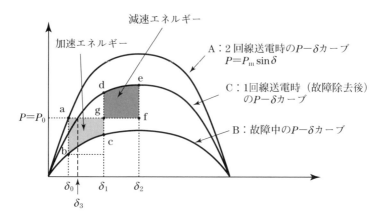

第1図

そして，保護リレーの動作によって，送電線両端の遮断器が開放されて故障が除去されると，送電電力はc点からd点に移動するが，この間に発電機の相差角はδ_0からδ_1に増加しているため，発電機には面積abcgの加速エネルギーが蓄積されることになる．

故障除去後のd点では，発電機の機械的入力は電気的出力に比べて不足している状態にあるから，発電機には減速力が働き，相差角を縮めようとする力が加わるが，故障継続中に蓄積された加速エネルギーによって，故障除去後もしばらくの間は，発電機の相差角は増加し続ける．そして，相差角を縮めようとする減速エネルギー（面積gdef）が加速エネルギー（面積abcg）に等しくなるe点（相差角δ_2）にて，相差角の増加は停止する．

その後，しばらくの間，送電電力は曲線C上で動揺を続けるが，電力動揺は次第に故障直前の送電電力P_0に対応する相差角（δ_3）を中心に収束していくことになる．

一方，例えば故障の除去が遅れるなど，加速エネルギーが減速エネルギーを上回ってしまう場合には，発電機は入出力の平衡を保つことができず，脱調してしまう．

すなわち，故障発生から故障除去までの間の過渡安定度については，

$\boxed{\text{故障中の加速エネルギー（面積abcg）}}<\boxed{\text{故障除去後の減速エネルギー（面積gdef）}}$：安定

$\boxed{\text{故障中の加速エネルギー（面積abcg）}}>\boxed{\text{故障除去後の減速エネルギー（面積gdef）}}$：不安定

となる．

・安定度の分類と，安定度向上対策を確実にマスターしておこう．
・等面積法によって，過渡安定度の概念を確実に理解しよう．

演 習 問 題

【問題】

　以下の電力系統の過渡安定度向上対策の中から三つを選定し，その原理を発電機の加速エネルギーや減速エネルギーの観点から説明するとともに，採用時の留意点を簡潔に述べよ．

　(1) 直列コンデンサ

　(2) 励磁方式の応答性と発電機のシーリング電圧の改善

　(3) 高速遮断と高速再閉路方式

　(4) タービン高速バブル制御

　(5) 低インダクタンス送電線

● 解　答 ●

(1) 直列コンデンサ

・原理

　　送電線に直列コンデンサを挿入して線路リアクタンスを減少させることで，同一出力に対する相差角が小さくなり安定度が向上する．故障除去後には，電気的出力を大きくして減速エネルギーを増加させる．

・採用時の留意点

　　系統の電気的振動とタービン軸系の機械的振動の共振によって発電機の軸ねじれ現象が生じたり，故障電流によってコンデンサ端子間に過電圧が生じる場合があるため留意する．

(2) 励磁方式の応答性と発電機のシーリング電圧の改善

・原理

　　速応励磁方式を採用し，発電機のシーリング電圧を高くすることで，故障除去後には，速やかに発電機端子電圧を回復させて電気的出力を大きく

し，減速エネルギーを増加させる．

・採用時の留意点

　速応励磁方式により応答性が良くなる一方，動作が敏感であり，故障除去後に振動発散現象（負制動現象）が生じやすくなるため，系統安定化装置（PPS）を設置する．

(3) 高速遮断と高速再閉路方式

・原理

　送電線故障時には，保護継電器と遮断器による故障除去時間を短くすることで，加速エネルギーを減少させる．高速再閉路により，減速エネルギーを増加させる．

・採用時の留意点

　故障判定が確実な継電器と高速再閉路に適した遮断器を採用し，故障点アークの消弧や発電機ータービン間の軸ねじれ現象を考慮した再閉路時間の設定が必要である．

(4) タービン高速バブル制御

・原理

　故障を検出して高速に蒸気入力を抑制することで，故障中の加速エネルギーを減少させる．故障除去後には，タービン出力を減少させることにより，減速エネルギーを増加させる．

・採用時の留意点

　急激な蒸気の遮断による蒸気圧力の上昇に留意し，タービン出力の急変に対して系統安定化装置（PPS）による対策が必要である．

(5) 低インダクタンス送電線

・原理

　送電線の電線を多導体化する等，線路リアクタンスを減少させることで，同一出力に対する相差角が小さくなり安定度が向上する．故障除去後には，電気的出力を大きくして減速エネルギーを増加させる．

・採用時の留意点

　電線の多導体化により対地静電容量は増加するため，長距離の場合はフェランチ効果や発電機の自己励磁現象に留意する．単導体に比べギャロッピングが生じやすく，相間スペーサやダンパの取り付けが必要となる．

第5章 送電

5.2 送電線保護方式

要点

電力系統は，発電所，変電所，送電線および負荷が有機的かつ密接に連系されている．これらの電力系統の構成要素で，故障や異常事態が発生した場合には，安定な電力供給が阻害される．このため，これらの異常を速やかに検出し，その異常箇所を取り除いて電力系統を元の状態に戻す必要がある．この異常を検出する目的として設置された制御装置を「保護継電装置」という．

1. 保護継電装置の概要

保護継電装置の目的は，電力系統に異常が発生した場合，その影響を最小限に食い止めることであり，具体的には次の事項があげられる．

(1) 機器損傷の防止

(2) 停電範囲の縮小

(3) 系統の安定運転の継続

また，この目的を達成するために，系統保護装置には，次のような機能が要求される．

(1) 故障区間の高速度選択遮断

(2) 故障波及の防止

(3) 系統の早期復旧

2. 主保護と後備保護

主保護とは，ある故障に対してまず動作することが期待されている第一の保護方式であり，故障が発生した保護範囲だけを選択遮断することを第一の目的としている．しかし，何らかの原因で主保護動作に失敗した場合を考慮し，第二，第三の保護，すなわち後備保護が設置されている．

3. 送電線の保護リレーシステム

（1）過電流リレー方式

故障電流が一定値以上となった場合に故障と判定する方式．最も単純で基本的な方式である．

（2）距離リレー方式

線路故障時，リレー設置点の母線電圧の低下の大きさと，線路電流の大きさの比により，インピーダンスを演算し，故障回線を検出する．

（3）回線選択リレー方式

高抵抗接地系の平行2回線送電線に適用．平行2回線の差電流の大きさと電流の流れた方向により，故障回線を検出する．

（4）表示線リレー方式

高抵抗接地系の比較的短い送電線（主として地中送電線など）に適用．送電線の両端の電流を比較し，一定値以上の差があったとき故障と判定する．

（5）FM電流作動方式

275 kV以上の直接接地系の送電線に適用．原理は，表示線リレー方式と同じ．電流の瞬時値を周波数の大きさに変換し，通信回線を通じて相手端子へ相互に伝送し，電流の差が一定値以上のとき，故障と判定する．

（6）PCM電流作動方式

原理は表示線リレー方式と同じ．電流の瞬時値をディジタル値に変換し，相手端子へ相互に伝送する．

（7）方向比較リレー方式

両端子に故障方向を検出する内部判定用リレーと外部判定用リレーを設置し，リレーの判定結果を通信回線を通じて相手端に伝送する．両端子がともに内部方向と判定したときに故障と判断する．

基本例題にチャレンジ

保護継電装置の役割と具備すべき条件を述べよ．

・保護継電装置の役割は，電力系統の構成要素に故障や異常状態が起きたとき，被害の軽減を図り，かつその波及を防止することを目的としている.

・保護継電装置は非常に大切な責務を担っていることから，その使命を全うするためにさまざまな条件が要求されている.

以上を考慮に入れた上で，以下の程度の解答が書ければ十分である.

● 解 答 ●

1. 役割

(1) 正常部分と異常部分を切り離し，正常部分が異常部分の影響を受けないようにする.

(2) 異常部分の運転を停止させる.

(3) 異常部分を正常に回復させる.

2. 具備すべき条件

(1) 信頼性

動作すべきときに動作に失敗したり（誤不動作），動作してはならないときに動作したり（誤動作）しないよう，信頼性が要求される.

(2) 選択性

保護装置が動作して故障区間を切り離すとき，必要最小区間にとどめ，健全区間をも停止させることは避ける必要がある.

(3) 動作時間

故障の影響を極限化するには，一般にはできるだけ速く動作することが望ましいが，一方で選択性との関連も考慮して，適切な時間で動作する必要がある.

(4) 感度

最悪の条件にも十分に応動できるだけの感度を持っている必要がある.

応用問題にチャレンジ

基幹超高圧架空送電線の保護に用いられている継電方式について述べよ.

● 解　答 ●

　ここでは，再閉路方式は除いて解答する．

　送電線は，他の設備に比べて，雷，風などの自然現象に脅かされることが多い．基幹送電線では，保護が的確に行われないと送電電力が大きいのでその影響が大きい．このため，一般の送電線方式に比べて，より高度な故障区間の選択性，故障除去の迅速性，動作の信頼性が要求される．

1. 距離継電方式

　リレー設置点から故障点までのインピーダンス（すなわち距離）を測定し，それが継電器の故障区間内の事故であると判断されるときにはただちに遮断する．過電流継電器のように動作時限差をつける必要がないので，高速除去が可能である．一般には，後備保護に用いている．

2. パイロット継電方式

（1）表示線リレー方式

　保護区間の両端の CT を信号線でつなぎ，両端の電流差によって事故を検出する電流差動方式である．長距離送電線では，建設費が高くなるので用いられない．

（2）電流差動方式

　原理は，表示線リレー方式と同じ．伝送手段として，搬送波を用いる点が異なる．FM 方式や PCM 方式がある．

（3）位相比較方式

　保護区間の両端の電流の位相は，内部故障時と外部故障時では位相が逆になる．この両端の電流位相を比較して，内部故障を検出する方式である．

（4）方向比較方式

　両端子に，電流が保護区間に流入するときに動作する内部方向リレーと，外部に流出するときに動作する外部方向リレーを設置する．両端で，内部方向リレーと外部方向リレーの動作を連絡しあい，内部故障かどうかを判定する方式である．

　超高圧架空送電線の保護に用いられる方式は，主保護にはパイロット継電方式を用い，後備保護には距離継電方式を用いるのが一般的である．なお，パイロット継電方式は，以下のよう

に分類されている.

　　表示線継電方式（非搬送方式）

　　搬送継電方式 {電力線搬送／マイクロ波搬送／光ファイバ搬送}

・保護継電方式の目的と役割，具備すべき条件を確実に理解しよう.
・送電線を保護するために，どのような継電方式を適用するか，その特徴を理解しよう.

演 習 問 題

【問題】

　送電線保護に用いられる距離継電方式，過電流継電方式，回線選択継電方式について，それぞれの概要と特徴を述べよ.

● 解 答 ●

1. 距離継電方式

① 概要

　リレー設置点から故障点までのインピーダンス（すなわち距離）を測定し，それが継電器の故障区間内の事故であると判断されるとき故障と判定する.

② 特徴

　過電流継電器のように動作時限差をつける必要がないので，高速除去が可能である. 一般には，後備保護に用いている.

2. 過電流継電方式

① 概要

　故障電流が一定の大きさ以上になった場合，故障と判定する.

② 特徴

保護方式のうち，最も単純な方式．77 kV 以下の系統に適用される．

3. 回線選択継電方式

① 概要

77 kV の高抵抗接地系の平行2回線送電線において，平行2回線の差電流の大きさと流れた方向により，故障回線を検出する．

② 特徴

平行2回線に限り適用可能である．また，隣接区間の故障に対しては，原理上保護できないため後備保護能力がない．よって，これを補うための後備保護リレーを併用しなければならない．

5.3　再閉路方式

要点　送電線故障の場合，両端子で遮断を行い，故障点の
アークが消滅し絶縁が回復するのを待って両端の遮断
器を投入する．このような一連の動作を保護継電装置
によってシステム的に行う方法を再閉路方式と呼ぶ．

1. 留意点

① 故障区間の除去は，できるだけ短いほうが望ましい．

② 再閉路するまでの無電圧時間が短いほど，過渡安定度は向上するが，こ
の時間をあまりにも短くすると再点弧しやすく，再閉路失敗にいたる可能
性もある．

③ 再投入を行うにあたっては，両端が同期運転していることを確認する必
要がある．

2. 種類

(1) 単相再閉路

1線地絡故障時に，故障相のみを遮断し，再閉路させる方式．

（主な特徴）

・単相遮断中は送電線両端の健全な2相によって送電が可能であるため，過
渡安定度が向上する．

(2) 三相再閉路

故障様相に関係なく，3相とも両端を遮断し，再閉路させる方式．

（主な特徴）

・装置が単相再閉路と比較して簡単（三相一括遮断器ですむ）．

・事故相を確実に選別できなくてもよいので保護方式が簡単．

(3) 多相再閉路

平行2回線送電線の6本のうち，故障相のみを遮断し再閉路を行う方式．

（主な特徴）

・故障相を遮断しても，健全相によって送電ができるため，過渡安定度が向上する．

・装置が三相再閉路と比較して複雑化する．

基本例題にチャレンジ

文中の空欄に当てはまる字句または数値を記入しなさい．

送電線に発生する故障の大部分は　(1)　であり，事故区間を瞬時に遮断してやれば，絶縁を回復することができる．このように，事故が発生した場合，その区間を選択遮断し，再度投入して送電を継続させることを再閉路といい，送電容量の増加，通信線への　(2)　防止，　(3)　の向上等を目的としている．

送電線に事故が発生した場合，送電線の両端の遮断器を開放し，アークを消滅させ，再度遮断器を投入するまでの時間を　(4)　といい，この時間が短いほど再閉路時の衝撃が小さく，　(3)　が向上する．しかし，この時間をあまりにも短くすると，　(5)　しやすく，再閉路失敗につながる可能性もある．

やさしい解説

送電線に発生する故障の多くは雷などが原因で発生する1線地絡故障であり，事故点を選択遮断してやれば，アークは自然消滅し，送電線の損傷拡大を防ぐことができると同時に，再度遮断器を投入すればそのまま送電を継続できる場合が多い．このような一連の動作を保護継電装置によってシステム的に行う方法を再閉路方式と呼ぶ．再閉路を行うことによって，送電容量の増加，通信線への誘導障害の防止，過渡安定度の向上を図ることができる．

再閉路の適用にあたっての留意事項は以下のとおりである．

① 故障区間の除去は，できるだけ短いほうが望ましい．

② 再閉路するまでの無電圧時間が短いほど，過渡安定度は向上するが，この時間をあまりにも短くすると再点弧しやすく，再閉路失敗にいたる可能

性もある.

③ 再投入を行うにあたっては，両端が同期運転していることを確認する必要がある.

● 解 答 ●

(1) 1線地絡故障 (2) 誘導障害 (3) 過渡安定度 (4) 無電圧時間
(5) 再点弧

応用問題にチャレンジ

架空送電線路における再閉路方式の概要を説明し，この方式を採用することの利点を述べよ.

● 解 答 ●

架空送電線の事故の大部分は，雷によるがいしのフラッシオーバ，樹木接触など，アーク地絡，アーク短絡事故であり，故障区間をいったん切り離せば，アークは自然消滅する．したがって，事故点の絶縁回復を待って再び遮断器を投入すれば，異常なく送電継続をすることができる．これを再閉路という.

1. 再閉路方式の概要

(1) 三相再閉路

送電線の事故様相に関係なく，両端の電気所で三相を一括遮断し，再閉路する方式である．この方式は，遮断器が三相一括遮断器ですみ，事故相を確実に選別できなくてもよいので保護方式が簡単である．したがって，154 kV以下の送電線に広く用いられている.

(2) 単相再閉路

送電線事故で最も多い1相事故の場合に，故障相だけを遮断し，再閉路を行う方式である．残る2相は不完全ながら電力供給を行うことができるため，安定度向上面において優れている．ただし，火力発電所から電源送電線に適用する場合には，無電圧時間中に欠相状態で流れる逆相電流によって，回転子表面の温度上昇，発電機・タービン間のねじれトルクの発生などの影響があり，検討の必要がある.

(3) 多相再閉路

2回線送電線6本のうち，異なる2相もしくは3相が健全である場合に故障相だけを遮断し，再閉路する方式である．2回線合計で判断するので，回路間に条件の受渡しが生じるが，単相再閉路と比較して，再閉路成功率が向上するので，超高圧以上の2回線送電線に広く適用される．

2. 利点

① 2回線送電線の場合，両回線に事故が発生しても，健全相によって連系を保てれば，停電を回避することができる．

② 1回線送電線の場合は，アークの自然消滅によって，短時間の停電で復旧することができる．

③ 高速再閉路によれば，送電の安定度を高めることができる．

④ 事故送電線以外の他の送電線が過負荷によって遮断されるなどの，事故波及を防ぐことができる．

設備事故の大部分を占める架空送電線の事故のうち，再閉路の成功率は90％以上と極めて高く，復旧操作の自動化や停電時間の短縮などの効果は大きい．

再閉路方式は，電力系統のニーズと送電線保護方式の進歩に対応して，種々のものが開発，適用されている．

昭和30年代は，三相再閉路が標準的に適用され始めた．三相再閉路は，送電線事故時に三相同時遮断し，所定の条件のもと自動投入する方式で，再閉路時間によって，高速（0.5～1秒），中速（3～10秒），低速（30～60秒）に分類される．

昭和40年代には，基幹系に単相再閉路が適用され始めた．1線地絡であることを条件に事故相のみを遮断し，所定の条件のもと高速度で自動投入する方式である．送電線の両端において事故相を確実に検出する必要があり，通常は不足電圧リレーが適用されている．

昭和40年代後半には，多相再閉路が適用され始めた．多相再閉路は，事故相の線路のみを遮断し，2回線送電線の両回線を通じて所定条件の連系が保たれていれば高速に自動投入する．

再閉路方式の概要を第1表に示す.

第1表

方式	概　　要	適用送電線
単相再閉路	1線地絡故障において，地絡相だけを単相遮断し，無電圧時間後に単相を再閉路する．	・超高圧系統の送電線
三相再閉路	事故の種類に関係なく，3相とも遮断し，一定時間後再閉路する．	・超高圧系統の送電線 ・抵抗接地系統の送電線
多相再閉路	・2回線送電線6本のうち，異なる2相もしくは3相が健全である場合に，故障相のみを選択的に遮断し，再閉路する．	・超高圧系統の平行2回線の送電線

演 習 問 題

【問題】

電力系統における高速度再閉路について，知るところを述べよ．

● 解　答 ●

高速度再閉路方式の種類としては，単相再閉路，三相再閉路，および多相再閉路がある．

1. 単相再閉路

1線地絡故障において，地絡相だけを単相遮断し，無電圧時間後に単相を再

閉路する.

　遮断器は,1相および3相同時操作できる構造を採用する.

2. 三相再閉路

　事故の種類に関係なく,3相とも遮断し,一定時間後に再閉路する.装置が単相再閉路方式と比較して簡単である.また,1回線送電線では,事故により3相とも遮断すると両系統は分離されて同期が保たれなくなるケースもあることから,平行2回線送電線に適用される.

3. 多相再閉路

　平行2回線送電線の6本のうち故障相のみを遮断し再閉路を行う方式である.故障相を遮断しても健全相によって系統連系されているため,三相再閉路方式と比較して過渡安定度が高いが,装置が複雑になる.

5.4 中性点接地方式

1. 中性点接地の目的

  ① 　線路の対地電圧の上昇を抑え，電線路および機器の絶縁レベルを軽減する．

  ② 　アーク地絡などの異常電圧を防止する．

③ 　地絡継電器の動作を確実にする．

2. 中性点接地方式の概要

（1）非接地方式

　中性点を接地しない方式であり，送電線路の電圧が低く，かつこう長が短い場合に採用．

　〈特徴〉

  ① 　地絡電流が小さく，通信線への影響が小さい．

  ② 　変圧器の中性点を必要としないので，Δ−Δ結線を採用できる．

  ③ 　1線地絡故障時に健全相の対地電圧が高くなる．

  ④ 　抵抗接地方式と比較すると，地絡保護リレーの動作が難しい．

（2）直接接地方式

　送電線路に接続された変圧器の中性点を直接接地する方式．主として 187 kV 以上の超高圧系統に用いられている．

　〈特徴〉

  ① 　1線地絡故障時に健全相の対地電圧上昇がわずかであり，アーク地絡や開閉サージによる異常電圧が他の方式に比べて小さい．

  ② 　開閉サージを低くできるので，避雷器の責務を軽減できる．

  ③ 　1線地絡時の地絡電流が大きく，地絡リレーの動作が容易であり，確実な遮断が期待できる．

  ④ 　地絡電流が大きくなるため，系統の過渡安定度が低下する．

  ⑤ 　通信線に与える誘導障害が大きい．

（3）抵抗接地方式

系統に接続された変圧器の中性点を，抵抗を介して接地する方式．

〈特徴〉

① 抵抗を介するため，地絡電流を抑制でき，過渡安定度が向上するが，地絡故障時の異常電圧は，直接接地方式に比べて大きくなる．

（4）消弧リアクトル接地方式

送電線路の対地静電容量と共振させたリアクトル（消弧リアクトル）で中性点を接地する方式．

〈特徴〉

① 1線地絡時，消弧リアクトルと対地静電容量の共振により，地絡電流をゼロ近くまで小さくすることができる．

② 対地静電容量の不平衡などの際，直列共振が生じ，異常電圧が発生することがある．

文中の空欄に当てはまる字句または数値を記入しなさい．

送電系統の中性点を接地する目的は，①アーク地絡，その他の要因で発生する ___(1)___ の発生防止，②地絡故障時に生じる健全相の対地電圧の上昇を抑制し，電線路およびこれに接続される機器の ___(2)___ の低減および③地絡事故時に故障区間を早期に除去するための ___(3)___ の動作に必要な電流または電圧の確保などである．中性点接地方式のうち，66 ～ 154 kV 級の送電線路では ___(4)___ 接地方式，187 kV 以上の送電線路では ___(5)___ 接地方式が主として採用されている．

やさしい解説

送電系統の中性点接地は，零相インピーダンスの大きさによって，系統事故時の地絡電流や健全相の対地電圧上昇などに影響を与える．接地の方式には直接接地，抵抗接地，消弧リアクトル接地，非接地などがあり，一般には接地インピーダンスが低いほど異常電圧を軽減でき，保護継電器の動作も確実にできる反面，大きな地絡電流が流れるので，安定度，通信線への電磁誘導

の影響が出てくる.

● 解　答 ●
(1) 異常電圧（過電圧）　(2) 絶縁（絶縁レベル）　(3) 保護継電器
(4) 抵抗　(5) 直接

応用問題にチャレンジ

　次の問は，送配電系統の中性点接地方式に関するものである.
(1) 中性点接地方式には，①非接地方式，②直接接地方式，③抵抗接
　　地方式，④消弧リアクトル接地方式などがある.
　　　わが国の以下の電圧の送配電系統に対し，上記のうち，どの中性
　　点接地方式が広く用いられているか答えよ.
　　(a) 高圧配電系統
　　(b) 154 kV の送電系統
(2) 消弧リアクトル接地方式の仕組みと目的についてそれぞれ述べよ.
(3) 抵抗接地方式について，直接接地方式と比較した場合の長所，短
　　所をそれぞれ一つずつ述べよ.

● 解　答 ●
(1) 広く用いられる中性点接地方式
(a) 高圧配電系統：非接地方式
(b) 154 kV の送電系統：抵抗接地方式
(2) 消弧リアクトル接地方式の仕組みと目的
中性点を対地静電容量と商用周波数でほぼ共振状態となる値のリアクトルで
接地し，1線地絡故障時の故障点電流を小さくして故障点アークを消弧する.
また，消弧直後の故障点電位の回復を緩やかにすることで，地絡故障を自然消
滅しやすくする.
(3) 抵抗接地方式の直接接地方式と比較した場合の長所，短所
長所：抵抗を介するため地絡電流が小さく，系統に与える擾乱，通信線への
　　　誘導障害が小さい.
短所：1線地絡故障時における健全相の対地電圧が高く，絶縁レベルを低減

することはできない.

現在採用されている接地方式には,非接地方式,直接接地方式,抵抗接地方式,消弧リアクトル接地方式がある.これらの方式にはそれぞれ特徴がある.異常電圧発生の軽減,線路や機器の絶縁レベルの低減,地絡電流動作の確実性からみれば,できるだけ低いインピーダンスで接地するのが有利である.一方,通信線の電磁誘導障害の防止,事故電流による機器への機械的衝撃の低減などの観点からみれば,できるだけ高いインピーダンスで接地するのが有利になる.

・中性点接地の目的について,確実に理解しよう.
・中性点接地方式の概要(適用される電圧階級,特徴)を確実に理解しよう.

演 習 問 題

【問題】

電力系統における中性点接地方式にはどのようなものがあるか.それぞれの特徴およびわが国において主としてどのような系統に適用されているかを述べよ.

● 解 答 ●

1. 直接接地方式

変圧器の中性点を直接接地する方式.187 kV 以上の超高圧の系統に適用されており,次の特徴を有している.

① 1線地絡故障の際,健全相の対地電圧上昇がほとんどないので,保護レベルを低くできる.よって,機器の絶縁低減が可能となる.

② 中性点接地装置のコストが不要であり,経済的である.

③　地絡電流が大きいので，保護リレーの動作が容易であり，故障点の確実な遮断が可能．

④　地絡電流が大きいため，通信線への電磁誘導障害が大きくなる．

⑤　1線地絡故障時の電流が大きいため，機器の機械的強度が必要となる．

2. 非接地方式

変圧器の中性点を接地しない方式．33 kV以下の系統に適用されており，次の特徴を有している．

①　1線地絡故障時の電流が小さいため，系統に与える擾乱，通信線への誘導障害が小さい．

②　1線地絡故障時の健全相の対地電圧が高く，また，間欠アーク地絡になると極めて高い電圧を発生するので，高電圧系統には適さない．

③　1線地絡故障時の電流が小さいため，抵抗接地方式と比較すると保護リレーの動作が難しい．

3. 抵抗接地方式

変圧器の中性点を適当な抵抗を介して接地する方式．22 kV〜154 kV系統に広く適用されている．特徴としては，通信線への電磁誘導障害を支障のない程度に抑え，保護リレーが故障点を確実に選択遮断できる．直接接地方式と非接地方式の中間の特徴を有する．

4. 消弧リアクトル接地方式

変圧器の中性点を，リアクトルを介して接地し，故障点の電流をほとんどゼロにすることによりアークを自然消弧させる方式．次のような特徴を有する．

①　1線地絡故障の大半を自然消弧できるので，停電回数の低減が図れ，供給信頼度が向上する．

②　1線地絡故障時の故障電流が小さいため，電磁誘導障害が少ない．

③　地絡保護リレーの動作が困難なので，抵抗接地方式との併用が必要であり，抵抗接地方式よりもコストが高い．また，系統の運用状態によって，リアクトルの値を加減しなければならないなど，運用面での難しさもある．

第5章　送電

5.5　直流送電とその特徴

要点
　　直流送電は，交流系統の電力を直流に変換し，再び直流から交流に逆変換するシステムであり，両端に変換装置を設置する必要がある．その特徴を，交流送電と比較すると，以下のとおりである．

1. 利点

(1) 送電線路が経済的

　　正・負2導体による送電が可能であり，回路が簡単で経済的．

(2) 電流容量まで送電可能

　　交流系統のように安定度によって制約を受けることがなく，送電線の電流容量まで送電が可能．

(3) 送電損失

　　無効電力による損失や誘電損失がない．

(4) 異周波数の連系

　　直流送電を介して連系すれば，異周波数系統間の連系運転が可能．

(5) 有効電力のみを送るので，充電電流やフェランチ現象は起こらず，特にケーブルを使用する際は効果的である．

2. 欠点

(1) 電圧の変成ができない．

(2) 多くの無効電力を消費するため，調相設備が必要．

(3) 変換装置が高価であるため，長距離送電線でないと経済的でない．

(4) 交流送電のように零点を通過することがなく，大容量直流遮断器が必要となる．

基本例題にチャレンジ

次の文章は，直流送電方式に関するものである．文中の空欄に当てはまる字句を記入しなさい．

直流送電方式では，線路リアクタンスの影響がないため，交流送電方式にみられる　(1)　の限界がなく，　(2)　の限度まで送電容量を高めることができる．また，非同期連系ができ，迅速な　(3)　が容易である．特に，直流ケーブルでは，　(4)　電流がなく，かつ，　(5)　損失がないので，交流送電に比べ有利となる．

やさしい解説

直流送電方式は，前述したような利点があるため，長距離大電力送電，長距離ケーブル送電，異周波数連系に採用されている．

● 解　答 ●

(1) 安定度　(2) 電流容量　(3) 潮流制御　(4) 充電　(5) 誘電

応用問題にチャレンジ

直流送電の長所と短所を交流送電方式との比較において述べよ．

● 解　答 ●

1. 長所

① 安定度の問題がなく，また，線路充電容量の問題やフェランチ現象の問題なども生じないので，長距離送電に適している．

② 無効電力がないため，無効電流による送電損失がない．

③ 異周波数の系統連系が可能．

④ 連系系統間に直流送電を挿入することにより，系統分離の効果が得られ，交流系統の短絡容量を減少させることができる．

⑤ 交直変換装置は静止器であるため，機械的な慣性がなく，潮流制御を迅

速に行うことが可能．

2. 短所

① 高価な交直変換装置が必要となるため，長距離送電でないと経済的なメリットがない．

② 大容量の無効電力源を必要とする．

③ 大容量直流遮断器が必要となる．直流は零点を通過しないため，交流よりも，遮断器に過酷な責務が要求される．

④ 電圧の変成ができない．

⑤ 変換装置から多くの高調波が発生するため，これに対する対策が必要となる．

　直流系統は，交流系統で問題となるいくつかの技術的な課題をクリアにできるメリットを有している．すなわち，

① 長距離大容量送電の問題

② 短絡容量軽減対策

③ 異周波数系統連系

である．

一方で，交直変換装置は信頼性が要求され，その結果高価になるため，短距離送電では経済的なメリットが出ない．したがって，長距離のケーブル系統などに適用される場合が多い．

わが国で適用されている直流設備は以下のとおりである．

① 佐久間周波数変換所

② 新信濃周波数変換所

③ 東清水周波数変換設備

④ 北海道本州間直流連系設備

⑤ 新北海道本州間直流連系設備（北斗今別直流幹線）

⑥ 紀伊水道直流連系設備

⑦ 南福光直流連系設備

⑧ 飛騨信濃直流連系設備

　直流送電と交流送電のメリット・デメリットを確実にマスターしておこう.

演 習 問 題

【問題】

交流送電に比較した直流送電の得失を述べ，その採用が適する条件を述べよ．

● **解　答** ●

利点は以下のとおり．

① 送電回路が簡単で経済的．

② 充電電流を補償する必要がない．

③ 異周波数間の連系ができる．

④ 絶縁設計が経済的．

⑤ 一方の系統の事故が他方に波及しない．

⑥ 交流系統の短絡容量増大を抑制できる．

⑦ 電力潮流制御が容易，迅速にできる．

⑧ 過渡安定度向上に役立つ．

一方，欠点は以下のとおり．

① 高調波や高周波対策が必要．

② 変換装置のコストが高く，回路構成が複雑．

③ 大容量の無効電力が必要．

④ 電圧の昇降が自由にできない．

⑤ 直流系統では系統が完全に分割されており，交流系統故障時の救援能力に乏しい．

　採用が適する条件は以下のとおり．

　直流送電の採用が適するケースとしては，大電力，長距離送電，短絡容量軽減対策，異周波系統連系，ケーブル使用による長距離送電等である．

第5章 送電

5.6 架空送電線一般

1. コロナによる障害と防止策

(1) コロナによる障害

① コロナ損

　コロナの発生により，電力損失を生じ，送電効率が低下する．

② コロナ雑音

　コロナ放電の際に発生するコロナパルスにより雑音電波が発生し，ラジオやテレビに障害を与える．

③ 誘導障害

　コロナによる高調波により，第3高調波は中性点電流として流れるので，中性点直接接地方式の送電線路では，付近の通信線に誘導障害を与える．

④ コロナによる化学作用

　コロナによる化学作用により，電線の腐食を伴うことがある．

(2) コロナ防止策

① 電線の太線化

② 多導体方式の採用

2. 架空送電線の振動とその対策

(1) 微風振動

　緩やかな風が電線に直角に吹くと，電線背後にカルマン渦が生じ，電線が上下に震動する．これを微風振動と呼ぶ．

〈主な対策〉

① アーマロッドの取り付け

② ダンパの取り付け

(2) ギャロッピング

　電線に氷雪が付着して，電線断面が非対称になり，これに水平に風が当たる

と揚力が生じ，電線が上下に大きく振動する．これをギャロッピングと呼んでいる．

〈主な対策〉

① 送電ルートの選定

② 送電スペーサの取り付け

③ 径間長を短くする

(3) スリートジャンプ

電線に付着した氷雪がいっせいに脱落すると，その反動で電線が大きく振動する．これをスリートジャンプと呼んでいる．

〈主な対策〉

① 送電ルートの選定

② 径間長を短くする

③ 電線の弛度を小さくする

④ オフセットを設ける

基本例題にチャレンジ

架空送電線のコロナ放電による障害の内容と障害の軽減対策について述べよ．

やさしい解説

空気の絶縁が部分的に破れ，低い音や薄い光を発する現象をコロナと呼んでいる．送電線路にコロナが発生すると，コロナ損やコロナ雑音に代表されるさまざまな問題が生じるため，コロナの発生は極力回避しなければならない．

このため，多導体方式の採用や電線の太線化など，解答に述べるような対策を講じることにより，コロナ障害を軽減している．

● 解　答 ●

1. コロナ放電による障害の内容

(1) コロナ損

コロナ損（電力損失）を生じ，送電効率が低下する．

(2) 電波障害

コロナ放電により電波障害が発生し，テレビなどの受信に悪影響を与える．

(3) 電力線搬送への影響

送電線保護用の搬送通信装置に悪影響を与えることがある．

(4) 雑音

コロナ放電により雑音が発生する．

(5) 高調波障害

送電系統に高調波を発生することがある．

(6) コロナ振動

電線下面に水滴が付着しているとき，電線の振動が生じることがある．

(7) 電線類の腐食

コロナに起因する化学作用により，電線とがいし付属金具との接触部に腐食を生じる．

2. 対策

(1) 電線の直径を大きくする，あるいは多導体を使用する．

(2) 架線金具を突起物が少ないものとし，遮へい環を用いる．

(3) 架線時に，電線表面や架線金具を傷つけないようにする．

(4) 通信設備に対しては，遮へい線を設置する．

応用問題にチャレンジ

架空送電線の着氷雪による事故の防止対策について述べよ．

● 解　答 ●

着氷雪の脱落時のスリートジャンプや着氷雪断面が翼状のときに起こるギャロッピングなどを防止するため，次のような対策が講じられる．

(1) 支持物，電線の強化

経過地の着氷雪実績，支持物の重要度などを個別に勘案し，支持物を強化する．

また，電線を太線化する．

（2）難着雪電線などの採用

難着雪電線を使用するか，電線に一定間隔で難着雪リングを取り付け，着雪が電線のより線方向に滑りながら回転するのを防止する．また，電線自身の回転防止のために，よじれ防止ダンパを取り付ける．

（3）融雪通電の採用

大電流を流して，ジュール熱により着氷雪を溶かす．

（4）通過ルートの選定

極力，着氷の発生しやすいルートを避ける．

（5）オフセット・相間スペーサ

オフセットなどの電線配置や相間スペーサの設置により，電線が跳躍しても短絡事故が起こらないようにする．

（6）電線弛度の調整

電線のたるみを小さくして，電線の跳ね上がりを抑制する．

架空送電線の着氷事故としては，次のものがある．

（1）支持物の倒壊

着氷により，加重が増加し，設計荷重を超過して支持物が倒壊する．

（2）電線の張力切れ

着氷雪があると，電線張力が常時の数倍大きくなる．

（3）スリートジャンプ

電線に付着した氷雪が脱落し，これによって電線が跳ね上がる．

（4）ギャロッピング

電線に翼状に付着した氷雪が強風下で揚力を受け，上下に激しく運動する．

・電験の問題で問われる送電線の振動には主として要点で述べた3種類がある．それぞれのメカニズムと振動防止対策について，理解しておこう．

・コロナ障害の内容とコロナ障害の軽減対策について，理解しておこう．

163

演 習 問 題

【問題】

架空送電線で発生する主要な損失を二つ挙げ，その内容と対策を簡潔に説明せよ．

● 解 答 ●

(1) 抵抗損

〈内容〉

送電線の抵抗に電流が流れると，ジュール熱が発生し抵抗損（オーム損）が発生する．

〈対策〉

抵抗損の低減対策としては，抵抗および電流を低減させることが基本となる．

・送電線の太線化により，導体抵抗を小さくする．

・送電電圧を高くすることで，線路電流を小さくする．

・回線数の増加により，線路電流を小さくする．

(2) コロナ損

〈内容〉

送電電圧が高い場合，電線に接する空気の絶縁が局部的に破壊されてコロナ（放電現象）が生じる．送電線にコロナが発生すると，電力損失（コロナ損）が発生する．特に，雨天時にはコロナ損が大きくなり，送電効率を低下させる．

〈対策〉

送電電圧に対して電線の外径が小さい場合にコロナは発生するため，これを考慮した導体径・方式を選定する．

・外径の大きい鋼心アルミより線（ACSR）等を採用する．

・電線を多導体化する．

・がいし装置の金具はできる限り突起物をなくした形状とする．

・シールドリングなどを用いて，コロナシールドを行う．

第5章 送電

5.7 地中送電線一般

1. CV ケーブルの特徴（OF ケーブルとの比較）

近年, OF ケーブル（油浸絶縁紙ケーブル）に代わり, CV ケーブルが優れた電気的特性, 工事・保守の容易性から, 広く使用されている.

CV ケーブルの特徴を, 第1表に示す.

第1表

項　目	主　な　特　徴
構造	OFケーブルは紙と絶縁油で絶縁し, 金属シースであるが, CVケーブルは, 絶縁体に架橋ポリエチレンを使用し, ビニルシースである.
電気的特性	CVケーブルは, 誘電正接（$\tan\delta$）, 比誘電率が小さい. このため, 誘電損, 充電電流の低減が図れる.
熱・機械的特性	架橋ポリエチレンは熱・機械的特性に優れているため, 導体許容温度をOFケーブルよりも高く設定できる.
布設・接続	CVケーブルは, 軽量で取り扱いやすいため, 布設, 接続工事が容易である.
保守	OFケーブルは, 給油設備が必要であり, 日常, 油圧, 油面, 油漏れなどの管理・保守が必要であるが, CVケーブルの場合, これに類する保守は不要である.

2. ケーブルの電流容量

ケーブルの常時の許容電流 I は, 次式にて与えられる.

$$I = \sqrt{\frac{T_1 - T_2 - T_d}{nrR}}$$

ここで, n：ケーブル線心数

r：交流導体実効抵抗

T_1：導体許容最高温度

T_2：基底温度

T_d：誘電損失による温度上昇

R：全熱抵抗

n, T_1 は一定として，許容電流を増大させるためには，その他の要素を減少させることを考えればよい.

① rの減少：太い導体を採用

② T_2の減少：強制冷却.

　・ケーブルもしくは管路のそばに水冷管を布設

　・洞道内布設の場合には，洞道内の空気冷却

③ T_dの減少：低損失絶縁体の採用

④ Rの減少：熱放散を良くするため，ケーブルの周りを固有熱抵抗の低い物質で埋める.

基本例題にチャレンジ

　特別高圧（154 kV～66 kV）の地中ケーブルを用いて送電を行うときの設計上の留意点を充電容量，放熱および地中ケーブルの絶縁の観点から，架空線で同様の送電を行うときと比較して記述すると共に，その対策を述べよ.

やさしい解説

　地中ケーブルの充電容量（充電電流）は，静電容量，線間電圧およびケーブルこう長の積に比例して増加する．ケーブルは，架空送電線に比べて静電容量が約10倍以上と大きいため，充電容量（充電電流）が非常に大きくなる.

　充電容量（充電電流）が大きくなると，ケーブルの許容送電容量に対して有効送電容量が小さくなってしまうため，特に高電圧の長距離線路では静電容量対策が重要となってくる.

　地中ケーブルの許容電流は，ケーブル導体温度が許容温度を超えない限度の電流であり，放熱の観点からも大きな影響を受ける．ケーブルの導体は絶縁物で覆われているため，絶縁物の熱放散を良くすることが許容電流の増大につな

がる.

● 解　答 ●

(1) 充電容量の観点

〈留意点〉

地中ケーブルは架空送電線に比べて静電容量が大きいため，長距離送電の場合には，充電容量が大きくなり有効送電容量が小さくなる．軽負荷時には，線路の充電電流の影響が大きくなり，フェランチ効果が著しくなる．

〈対策〉

・分路リアクトルを挿入する．

・絶縁物には低誘電率の材料を用いる．

(2) 放熱の観点

〈留意点〉

地中ケーブルは，導体が絶縁物で覆われていることや地中に設置されることから，架空送電線に比べて熱放散が悪く，許容電流が小さくなり送電容量がかなり小さくなる．

〈対策〉

・太い電線を採用することで，導体の抵抗を低減させる．

・強制冷却することで，放熱性を向上させる．

・低損失絶縁体を採用することで，誘電損失による温度上昇を低減させる．

・ケーブルの周りを固体熱抵抗の低い物質で固めることで，熱放散を良くする．

(3) 絶縁の観点

〈留意点〉

架空送電線の絶縁は大気によって保たれているが，地中ケーブルの絶縁は絶縁物によって保たれている．地中ケーブルの絶縁性能は，絶縁体中の微小な欠陥に影響されるため，絶縁体中の異物，ボイド，突起の許容レベルを検討しておく必要がある．また，架空送電線の雷サージが地中ケーブルに侵入した場合に発生する雷過電圧について，地中ケーブルを伝搬するサージの反射も考慮し，厳密な絶縁設計が必要である．

第5章　送電

〈対策〉

　　・避雷器等の設置

　　・架空線側との絶縁協調

● 解　答 ●

応用問題にチャレンジ

　洞道内に布設された地中送電線路（OF ケーブルを使用するものを除く）の防災対策について述べよ．

　洞道内の地中送電線の災害としては，洞道内の電力ケーブルの火災や酸欠事故などが考えられる．火災の原因としては，作業中の火気使用による電力ケーブルへの着火および電力ケーブルの地絡事故に起因する発火等がある．

1. ケーブル本体の防災対策

　　① 　ケーブルに延焼防止塗料，延焼防止テープなどを用い，延焼防止を図る．

　　② 　難燃ケーブル，低ハロゲンケーブルなどを採用し，ケーブルの難燃化を図る．

　　③ 　ケーブルを防災トラフに収納する．

2. 火災の早期検出および警報

　異常温度感知および煙感知などによって火災を検出し，異常の早期発見を行う．また，警報を出し，消火装置作動前に当該場所にいる人間を避難させる．

3. 火災の初期対応

　スプリンクラーなどの自動消火装置を設置し，初期消火に努める．

4. 隔離板，隔離壁などの設置

　ケーブル，接続部などを難燃性の板，耐火性の隔壁などで相互に隔離する．

5. 酸欠防止対策

　酸欠防止のための換気については十分配慮して設計するが，さらに防災の観点から酸素マスクを設置し，そのうえ固定式酸欠測定装置を設置して万全を図るなど，人身安全面での対策を講じる．

洞道内の地中送電線路に最も影響を与える災害は，火災である．特に共同溝の場合は，電話ケーブルなどと一緒に布設される場合が多いため，一度火災が発生すると地域住民の生活に莫大な影響を与える．したがって，供給信頼度および公衆の安全確保において，火災事故発生に伴う内・外部への影響を最小限に抑える対策を実施する必要がある．防火対策としては，主として，以下のような対策が考えられる．

- ① 消火設備の設置
- ② 防火遮へい設備
- ③ 感知器
- ④ 警報装置
- ⑤ ケーブル本体の延焼防止対策
- ⑥ 誘導灯および誘導標識（避難対策）

ここでは，電力ケーブルの劣化原因と劣化診断技術についてまとめる．

1. 絶縁劣化の原因

（1）電気的劣化

ケーブルの製造過程において，混入する不純物，異物，絶縁体に発生するボイドなどに電界が集中して絶縁破壊を起こす．

（2）化学的劣化

化学薬品や油など，化学成分がケーブルの絶縁体を透過して導体に達し，導体材料と化学反応を起こして成長した化合物が絶縁体中にトリー状に成長して絶縁破壊に至る．

（3）熱的劣化

負荷電流による温度上昇などにより，絶縁材料が化学変化を起こし，絶縁が劣化する．

（4）吸水による劣化

絶縁体内部あるいは浸透してきた水分により，絶縁体中に局部的に高電界部

分が発生して，トリー状に絶縁破壊が進展して，最終的に絶縁破壊に至る．

（5）機械的劣化

ケーブル布設時の無理な曲げや，ケーブル布設後の地盤変化等，機械的な圧力によって，絶縁物やシースが損傷し，絶縁劣化するもの．

2．絶縁劣化の診断方法

（1）絶縁抵抗測定

メガー（絶縁抵抗計）により，直流電圧をケーブルに印加し，その漏れ電流値から絶縁抵抗を測定する．

（2）直流高圧法

ケーブルの各心線と大地間に直流高電圧を印加して，漏れ電流値から成極比，相間不平衡率，弱点比などを求め，診断する．

（3）部分放電測定

ケーブルにボイドやクラックがある場合，ケーブルに高電圧を印加すると，部分放電が発生し，印加電圧にわずかな変動が生じる．この電圧変動の大きさ，頻度，部分放電開始電圧から診断する方法である．

（4）誘電正接測定

ケーブルに商用周波数交流電圧を印加し，誘電正接の温度特性，電圧特性などを測定して絶縁の状態を判定する方法である．

演 習 問 題

【問題】

電力用 CV ケーブル（架橋ポリエチレン絶縁ビニルシースケーブル）の水トリーに関する次の問に答えよ．

（1）水トリーの発生要因，特徴について簡潔に述べよ．

（2）以下に示す CV ケーブルの水トリー劣化診断技術の概要について簡潔に述べよ．

（a）損失電流法

（b）残留電荷法

（c）耐電圧法

（d）直流漏れ電流測定

● 解　答 ●

（1）水トリーの発生要因，特徴

架橋ポリエチレンの絶縁体に水が侵入した状態で，ボイドや突起に加わる局部的な電界が作用すると，樹枝状の水トリーが発生・進展する．水トリーは，電気トリーに比べて低い電界で発生し，CVケーブルの絶縁性能を低下させる．

（2）水トリー劣化診断技術

（a）損失電流法

　ケーブル絶縁体に流れる充電電流から課電電圧と同位相の電流成分を抽出し，その中に含まれる高調波電流を劣化信号として用い診断する．

（b）残留電荷法

　直流電圧をケーブルに課電し，水トリー劣化部に電荷を蓄積させる．接地後，交流電圧を印加して電荷を放出させ，電荷の放出状況を評価して劣化状況を診断する．

（c）耐電圧法

　常規電圧よりも高い電圧をケーブル線路に課電し，水トリー劣化ケーブルのスクリーニングを行う．

（d）直流漏れ電流測定

　ケーブルの導体ーシース間に一定の直流電圧を印加し，漏れ電流の大きさや変化等から絶縁状態を調査する．

第6章　配電

6.1 各種配電方式

要点　配電方式は，配電線路の構成により，次のとおり，樹枝状方式，ループ方式，ネットワーク方式に分類される．また，都市過密地域や郡部における長距離配電の用途に 22 kV 級配電が採用されている．

1. 樹枝状方式

　樹枝状方式は，高圧配電線において最も広く採用されている構成であり，配電用変電所から負荷に対し，一方向に供給される方式である（第1図）．一般に，配電線をフィーダ，幹線，分岐線に区分する．

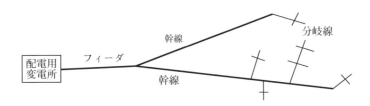

第1図　樹枝状方式

　樹枝状方式では，供給信頼度を向上させる目的で，第2図のように，幹線を線路開閉器によって分割し，他の配電線と常時開放の開閉器により連系する多分割多連系方式が採用されている．

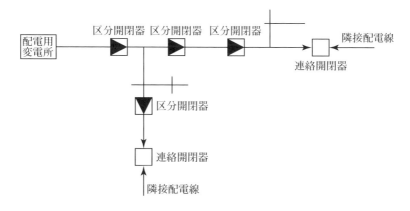

第2図 多分割多連系方式

2. ループ方式

ループ方式は配電線をループに接続する方式であり，常時2方向から電源を受けることができるため，事故が発生したときに停電範囲を極力少なくすることができる．ループ方式には，1回線ループ方式，2回線ループ方式がある．2回線ループ方式を第3図に示す．

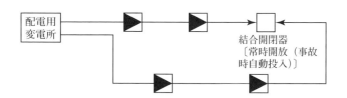

第3図 2回線ループ方式

3. ネットワーク方式

(1) 高圧ネットワーク方式

高圧配電幹線を網状にすることにより変電所相互を接続し，電源側の供給支障時にも無停電で供給を継続する方式である．施設費用および運転費用が高く，わが国では採用されていない．

(2) 低圧ネットワーク方式

低圧ネットワーク方式は，配電用変電所の同一母線から引き出された2回線以上の特別高圧または高圧の配電線に接続されている変圧器の二次側を連系す

る方式である．中小容量の需要家群に対してこれを適用したレギュラネットワーク方式（第4図）と，大容量の一需要家の構内に2回線以上の特別高圧または高圧の配電線を引き込み構成するスポットネットワーク方式（第5図）の2種類がある．

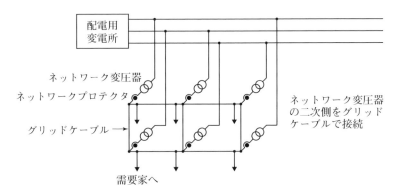

第4図　レギュラネットワーク方式

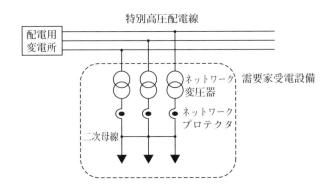

第5図　スポットネットワーク方式

基本例題にチャレンジ

スポットネットワーク方式は，同一変電所から $22 \sim 33\,\mathrm{kV}$ の3回線の配電線により常時並列に需要家に電力供給を行う方式であり，信頼度が高く，電圧降下，電力損失などが少ない．

需要家の変圧器（ネットワーク変圧器）の一次側は遮断器が省略され，二次側はネットワークプロテクタを経て共通の母線に接続される．この母線に接続されたいくつかの幹線によって負荷に電力供給が行われる．

この方式では，1回線の配電線またはネットワーク変圧器が事故停止しても，設備容量を供給負荷の　(1)　倍で設計しておけば，健全な設備により無停電で供給を継続できる．

ネットワークプロテクタは，遮断器，　(2)　，および保護リレーから構成され，その自動再閉路および開閉制御機能は，次のような特性を持っている．

a. 　(3)　遮断特性：3回線の配電線のうち1回線で停電したとき，健全な他回線から変圧器および共通母線を介して回り込み電流が停止回線に逆流するのを防止するため遮断する．

b. 　(4)　投入特性：上記a.の動作によって遮断器が開放状態にあるとき，停止回線が復電されて当該変圧器の二次側が充電された場合，遮断器の極間電圧を検出し，変圧器側から負荷側に向かって電流が流れる条件にあるとき投入する．

c. 　(5)　投入特性：配電線の全停時に共通母線が無充電状態にあるとき，配電線の1回線が復旧して当該遮断器の変圧器側が充電されていると投入する．

やさしい**解説**　　　スポットネットワーク方式の基本結線を第6図に示す.

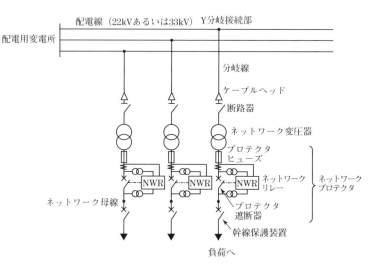

第6図　スポットネットワーク方式

スポットネットワーク方式には，次のような特徴がある.

① 特別高圧側設備および保護装置が簡素化できる.

　　ネットワーク変圧器より電源側の事故に対し，ネットワークプロテクタにより保護できるため，受電用遮断器やその保護装置を省略できる.

② 高信頼度が確保できる.

　　ネットワーク母線以降に事故がない限り需要家の停電は発生しない.

③ 取引用計量装置を簡素化できる.

　　特高受電であるが，計量は二次側となるため MOF 装置を簡素化できる.

④ 保守点検が容易である.

　　保守点検時の停電に対し，供給制限や供給停止を受けない.

⑤ ネットワーク変圧器二次側は通常 Y 結線 240/400 V である.

⑥ 自動化により受電設備運転の省略化が図れる.

　　ネットワークプロテクタによる自動制御機構により，事故などに際し，

自動的に系統の操作ができ，運転の省力化ができる．

ネットワークプロテクタは，1回線の高圧側の停電時に他の回線からの逆流を防止する目的で，ネットワーク変圧器の低圧側に設置されており，次の三つの機能を持っている．

(1) 無電圧投入特性

配電線の全停時に一次側の電圧が復帰すると，プロテクタ遮断器に投入指令を出す．

(2) 差電圧（過電圧）投入特性

1回線または2回線で充電中，停電中の一次側の電圧が復帰時に，逆電力とならない場合に，プロテクタ遮断器に投入指令を出す．

(3) 逆電力遮断特性

二次側から一次側へ逆電力供給となった場合に，プロテクタ遮断器に遮断指令を出す．

● 解　答 ●

(1) 1.5　(2) ヒューズ　(3) 逆電力　(4) 差電圧　(5) 無電圧

応用問題にチャレンジ

　20 kVまたは30 kV配電線路から高圧変圧器を介して三相4線式230/400 Vの電圧で需要者に電気を供給する場合の利点を，6 kV配電線路から降圧して単相3線式100/200 Vの電圧で供給する場合と比較して，次の項目別に簡潔に述べよ．

(1) 電気の供給者側から見た利点

(2) 電気の需要者側から見た利点

(3) 総合的観点から見た利点（前記(1)，(2)の利点を除く）

● 解　答 ●

1. 電気供給者側から見た利点

(1) 設備および用地の縮小化

① 電線量の縮小化（6.6 kV → 33 kVで同容量負荷を同一の電線量で送電する場合，電流：1/5，電圧降下：1/5，電力損失：1/25，送電容量：5倍）

②　支持物, 機器が少なくて済み, 用地・設備の縮小化が図れる.

(2) 供給信頼度の向上

①　設備数量の減少による事故の減少

②　スポットネットワーク方式の採用による供給信頼度向上

2. 電気需要者側から見た利点

①　導体の所要量の低減

②　電力損失・電圧降下の低減

③　電灯と電力の設備を共用できる

④　高圧設備を省略できる場合がある

⑤　国際規格に整合でき, 海外製品が使用可能

3. 総合的観点から見た利点

①　省エネルギーの推進

②　電気料金の低減が可能

　　　　昭和 30 年代後半から 40 年代初期の高度経済成長により都市化（過密化および広域化）が促進され, 6 kV 配電方式では設備構成が複雑かつ膨大となることが懸念された. そこで, 量的にだけではなく, 質的にも向上を図る配電方式として, 都心地区から 22 kV（33 kV）/400 V への配電電圧の格上げが導入された.

　400 V 配電の特徴としては,

①　6.6 kV や 3.3 kV の中間電圧を省略できる.

②　200 V/400 V 負荷を多く持つ, 大規模ビルや工場に適している.

③　国際規格に適合した海外製品を導入できる.

④　主任技術者の設置が不要.

などが, 挙げられるが, その反面

①　100 V へ供給するための変圧器が必要.

②　C 種接地工事が必要.

③　定格の大きな遮断器が必要.

などの欠点もある.

・配電方式のうち，スポットネットワーク方式について，概要と特徴を把握し，系統構成を図示できるようにしておこう．

・20 kV（30 kV）配電および400 V配電の利点を整理しておこう．

演　習　問　題

【問題】

地中配電系統の特徴について，次の問に答えよ．

(1) 架空配電系統と比較したとき，地中配電系統のメリットとデメリットをそれぞれ三つずつ述べよ．

(2) 地中配電系統の供給方式のうちスポットネットワーク方式の概要と特徴を述べよ．

● 解　答 ●

(1) 架空配電系統と比較した場合の地中配電系統のメリット・デメリット

〈メリット〉

・風雨氷雪，雷，塩害などの自然現象や飛来物・車両衝突・樹木接触など，外的要因による事故が発生しにくく，信頼度が高い．

・設備の大部分が地中埋設のため，都市の景観を損ねることがなく，道路や歩道を有効活用することができる．

・複数の回線を同一ルートに敷設することが可能であるため，需要密度の高い過密地域への供給ができる．

〈デメリット〉

・建設費が高くなる．

・事故発生時には，故障点探査や復旧に時間を要する．

・対地充電電流の増加により，軽負荷時間帯の電圧上昇（フェランチ現象）や地絡事故の検出感度低下を招く．

(2) スポットネットワーク方式の概要と特徴

(a) スポットネットワーク方式の概要

スポットネットワーク方式は図1のように，20 kV級（22～33 kV）電源変電所から引き出された20 kV級地中電線路をY分岐し，同一変電所からの3回線の配電線により常時並列に需要家に電力供給を行う方式である．需要家の変圧器（ネットワーク変圧器）の一次側は遮断器が省略され，二次側はネットワークプロテクタを経て共通の母線に接続される．この母線に接続されたいくつかの幹線によって負荷に電力供給が行われる．

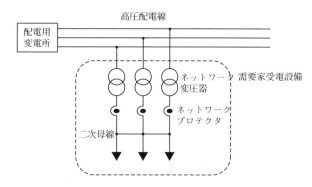

図1

(b) スポットネットワーク方式の特徴

① ネットワーク変圧器より電源側の事故に対し，ネットワークプロテクタにより保護できるため，受電用遮断器やその保護装置を省略できる．

② 高信頼度が確保できる．

③ 計量は二次側となるため MOF 装置を簡素化できる．

④ 停電による保守点検時であっても，供給制限や供給停止を受けない．

⑤ ネットワーク変圧器二次側は通常 Y 結線 240/400 V である．

⑥ ネットワークプロテクタによる自動制御機構により，事故などに際し，自動的に系統の操作ができ，運転の省力化ができる．

第6章 配電

6.2 配電線の運用

1. 配電線の電圧管理

　配電線路の電圧は，電気事業法施行規則第38条では，その供給電圧を

標準電圧 100 V：101 ± 6 V

　標準電圧 200 V：202 ± 20 V

の範囲に維持すべきことを定めている．このために次のような方策がとられている．

（1）配電用変電所の送出電圧の調整

　送出電圧の調整方法は，負荷時タップ切換変圧器（LRT）または負荷時電圧調整器（LRA）による母線電圧の一括調整が標準である．調整方式としては，負荷電流に応じて自動的に電圧を調整する線路電圧降下補償（LDC：Line Drop Compensation）方式と，あらかじめ決められたタイムスケジュールにより電圧調整するプログラム方式とがある．

（2）配電線路における調整

① 　高圧自動電圧調整器（SVR：Step Voltage Regulator）

　　配電線路の途中に設置され，その地点での負荷電流や電圧に応じ自動的に電圧を調整する．

② 　柱上変圧器

　　高圧配電線の電圧降下に応じて適切なタップを選定し，柱上変圧器二次側（低圧側）の電圧を調整する．

2. 事故区間検出方式

　高圧配電線の事故区間の検出方式には，配電用変電所の遮断器の再閉路動作と，配電線自動区分開閉器の一定時限後の順次投入との協調による時限順送方式が広く採用されている．

　事故発生により配電用変電所の遮断器が開放し，一定時間後の再閉路の際に

配電線の自動区分開閉器を電源に近いものから一定の時限で順次投入し，事故区間への投入により再び変電所の遮断器が開放することによって故障区間の判定を行うとともに，故障区間を切り離す．その後の再々閉路時に健全部分のみを送電する方式である．

3. 配電線自動化システム

配電線自動化システムは，時限順送方式における自動区分開閉器に遠隔監視制御機能を付加し，事業所などに設置されたコンピュータから通信線などの伝送路を通してこれらの開閉器を監視・制御するシステムである．

(1) 配電線自動化の目的

① 供給信頼度向上

停電発生時，事故区間を局限化するための開閉器操作を，遠隔化および自動化することにより，停電復旧時間を短縮できる．

② 業務運営の省力化・高度化

開閉器操作のための現場出向業務を遠隔操作により省力化できる．さらに，停電発生時や配電線切替時の切替操作手順の検討などの業務を，自動手順作成機能により省力化できる．

③ 設備投資の抑制

配電線自動化により配電線相互の連系力が向上し，配電用変電所や配電線の稼働率を向上させることが可能となり，配電用変電所や配電線への投資が抑制できる．

(2) 伝送方式

通信線搬送方式：光ファイバ，同軸ケーブル，ペアケーブルなどの通信線を伝送路として使用

電力線搬送方式：既設の高圧配電線に信号を重畳させ，伝送路として使用

(3) 配電線自動化システムの主な機能

① 区分開閉器の遠隔監視制御機能

開閉器の開閉状態や電圧・電流など監視するとともに区分開閉器の制御を行う．配電業務機械化システムとの連系などにより，系統変更操作をコンピュータで自動遠隔操作する配電線自動化システムも導入されている．

② 配電用変電所の遠隔監視制御機能

配電用変電所の遮断器の状態，保護リレーの情報，各配電線の電圧・電

流などを監視するとともに遮断器の制御を行う.

基本例題にチャレンジ

　配電線の事故点検出方式は,配電線を適当な区間に分割して ⎡(1)⎤ 開閉器を設置し,事故時には,変電所引出口遮断器の ⎡(2)⎤ 動作と協調して開閉器を順次投入することにより,自動的に事故区間を検出・分離する ⎡(3)⎤ 順送式である.さらにこれを発展させたものとして,通信線または ⎡(4)⎤ による制御信号により開閉器を制御し,配電線を自動復旧する ⎡(5)⎤ が使用されている.

やさしい解説

　　　　　　　　　時限順送方式は,配電用変電所の遮断器の再閉路動作と,自動区分開閉器の時限投入動作との協調により,事故区間を検出・分離する.具体的には次のように動作する(第1図参照).

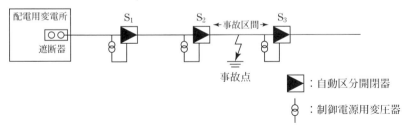

第1図　時限順送方式

① 配電線に事故が発生すると,配電用変電所の保護リレーにより遮断器が開放する.

② 配電線が無電圧になり,自動区分用開閉器 S_1, S_2, S_3 はすべて開放となる.

③ 約1分後,再閉路リレーにより配電用変電所の遮断器が投入される.

④ S_1 の電源側が復電し,一定時間(X秒)後に S_1 は投入される.

⑤ S_2 の電源側が復電し,一定時間(X秒)後に S_2 は投入されるが,事故が継続しているため,投入と同時に配電用変電所の遮断器は再び開放する.

このとき S_2 は投入後すぐに無電圧となったこと（＝ S_2 の負荷側の区間に事故点があること）を記憶し，次回以降に電源側が復電しても投入動作はしない．

⑥ 再び配電線が無電圧になり，自動区分用開閉器 S_1, S_2, S_3 はすべて開放となる．

⑦ 約1分後配電用変電所の遮断器が投入される．

⑧ S_1 の電源側が復電し，一定時間（X 秒）後に S_1 は投入される．

⑨ S_2 の電源側が復電するが，投入せず，開放を継続し事故区間を切り離す．

⑩ ③の時刻から⑤の時刻までの時間により，事故区間（この場合は，S_2 の負荷側）を判定する．

● 解　答 ●

(1) 自動区分　(2) 再閉路　(3) 時限　(4) 電力線搬送

(5) 配電線自動化システム

応用問題にチャレンジ

　需要家への供給電圧を適正な値に維持するために，配電用変電所および配電線路においてどのような方策をとっているか，説明せよ．

● 解　答 ●

1. 配電用変電所

(1) 負荷の大きさに応じて送出電圧を調整する．一般には，重負荷時に電圧は高く，軽負荷時に電圧は低く調整する．

(2) 送出電圧の調整方法は，負荷時タップ切換変圧器（LRT）または負荷時電圧調整器（LRA）による母線一括調整が標準であり，それぞれ，プログラム方式，線路電圧降下補償（LDC）方式，または両者併用運転が採用されている．

2. 配電線路

(1) 高圧配電線路の電圧降下をある限度以下としたうえで，柱上変圧器のタップを電圧降下に応じ適切に選定する．

(2) 高圧配電線路の電圧降下を一定限度内とするための手法

　① 　高圧線の太線化または複数ルート化

　② 　自動電圧調整器（SVR：Step Voltage Regulator）の設置

　③ 　配電線系統の切替

（3）低圧配電線路の電圧降下を一定限度内とするための手法

　① 　低圧線の太線化または複数ルート化

　② 　引込線の太線化

　③ 　低圧線による供給こう長を短くするため，柱上変圧器の増設．

　④ 　バランサなど電圧改善機器の設置

　需要家までの電圧は，主に，

　① 　配電用変電所の送出電圧

　② 　高圧・低圧・引込の各電線の電圧降下（電線インピーダンスと負荷電流で決定）

　③ 　柱上変圧器や電圧調整器などの昇降圧機器

により決定される．したがって，電圧維持のためには，これらの要素を調整する．

　②に対応する方法としては，電線のインピーダンスを低減させるために，電線を太線化する方法と回線増などの多ルート化がある．また，配電線系統を切り替えて負荷移動することにより，負荷電流を軽減させることにより，電圧の改善が可能である．

　・配電線の電圧管理手法として，配電用変電所の送出電圧の調整方法と配電線路の電圧調整方法を確認しておこう．

　・配電線の事故発生時，事故区間の検出切離方式として時限順送方式，さらに配電線自動化システムの目的についても説明できるようにしよう．

演 習 問 題

【問題】

わが国の高圧配電系統に関して，次の問に答えよ．

(1) 現在，わが国の大部分の配電系統は6.6 kV三相3線式中性点非接地方式となっているが，わが国が従来から非接地方式を主体に発展してきた理由を次の観点から簡潔に説明せよ．

  (a) 誘導障害の観点

  (b) 保安の観点

(2) 近年，配電線に電力ケーブルが適用される場合が増加しているが，これが原因となって生じる恐れがある配電系統側の問題点について次の観点から簡潔に説明せよ．

  (c) 地絡保護リレーの動作

  (d) 異常電圧の発生

(3) 上記(2)の(c)と(d)の問題点に対し，両方に効果がある方法として，配電線の送り出し変電所側の対策を一つ挙げ簡潔に説明せよ．

● 解 答 ●

(1) 配電系統が中性点非接地方式を主体に発展してきた理由

高圧配電線は架空線部分が大半を占め，対地静電容量が小さいため，中性点を非接地とすることにより地絡電流を低く抑えることができる．

  (a) 誘導障害の観点

中性点非接地方式として地絡電流を低く抑えることにより，通信線への誘導障害を防止することができる．

  (b) 保安の観点

配電用変圧器の内部故障など高低圧混触事故が発生した際には，低圧回路に高電圧が侵入し，感電や低圧機器の絶縁破壊などの危険があることから，変圧器の低圧側にはB種接地が施してある．低圧回路の電位上昇はB種接地抵抗値と地絡電流の積であるため，地絡電流を抑制することにより電位上昇を小さくできる．

（2）電力ケーブルの増加に伴う配電系統側の問題点

（c）地絡保護リレーの動作

電力ケーブルの増加によって対地静電容量が大きくなると地絡発生時の零相電圧が小さくなるため，地絡過電圧リレーの検出感度低下を引き起こす．

（d）異常電圧の発生

非接地系統の地絡電流は小さいため，地絡事故時のアークが継続しにくく間欠アーク地絡が発生しやすい．間欠アーク地絡が発生すると，零相電圧・零相電流は著しくひずんだ波形となり異常電圧を発生する．電力ケーブルの増加に伴い対地静電容量も大きくなり，ひずんだ零相電圧・零相電流も大きくなるため，異常電圧の影響も大きくなる．

（3）問題点（c），（d）の両方に効果がある配電線送り出し変電所側の対策

電力ケーブルにより増加した対地静電容量を打ち消すための接地リアクトルの設置や，配電用変電所のバンクを分割することで対地静電容量を分散させる方法がある．

第7章　施設管理

第7章 施設管理

7.1 電力系統の周波数制御

1. 周波数制御とは

要点 電力系統内の総発電電力が総消費電力とバランスしていれば，系統周波数は一定に保たれるが，発電機への入力エネルギーよりも出力エネルギーが上回れば（消費電力が上回れば）発電機の回転速度が下がり周波数も低下する．

逆に，発電機への入力エネルギーよりも出力エネルギーが下回れば（消費電力が下回れば）発電機の回転速度が上がり周波数は上昇する．

消費電力は絶えず変動しており，この変動に即応して発電機の発生電力を制御して周波数をある変動幅に収める必要がある．これを周波数制御と呼んでいる．

2. 周波数制御の必要性

周波数変動幅は，以下の観点から，できるだけ小さいほうが望ましい．

(1) 電力系統からみた必要性

① ボイラ，タービン系の熱の流れを円滑にし，熱応力の問題などを軽減

② タービン翼の振動発生の防止

③ 火力補機の出力減を軽減

④ 系統の電圧制御を容易にし，系統の安定度を改善

(2) 需要家側からみた必要性

① 電動機の回転速度が一定化するため，製品の品質が向上

② 電気時計，電子計算機の精度維持

3. 負荷変動の制御分担

1日の負荷変化を周期別に分類すると，第1図のようになる．

(1) Aのような長周期成分（10分程度以上）は，日負荷曲線によりある程度予想できる変動であり，経済運用を中心とした計画運転により処理する．これを経済負荷配分制御（ELD）という．

(2) Cのような短周期成分（数分程度以下）は，発電機のガバナフリー（GF）または系統の自己制御性により吸収される．

(3) Bのような周期の成分（数分から10分程度）は，火力や水力に設置された自動周波数制御装置（AFC）による調整をベースに，中央給電指令所で周波数を監視し，各発電機を制御する．

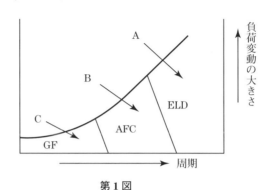

第1図

4. 周波数制御方式の種類

以下では，前記Bのような周期の成分の負荷変動を制御する方式について述べる．二つ以上の電力系統を連系して運転する場合の周波数制御は，系統周波数ばかりではなく，連系線を流れる潮流も考慮して行われる．

各周波数調整方式の制御内容は以下のとおりである．

（1）定周波数制御方式（FFC：Flat Frequency Control）

連系線潮流とは無関係に，系統周波数だけに着目して制御する方式．系統周波数と規定周波数の偏差ΔFを検出して，これを許容偏差以内に保つように，制御発電所の出力を制御する．

（2）定連系線電力制御方式（FTC：Flat Tie Line Control）

連系線潮流を検出して，これを計画値に保つように制御する方式．

（3）周波数偏奇連系線電力制御方式（TBC：Tie Line Bias Control）

負荷変動に基づく周波数変化量と，連系線潮流の変化量を同時に検出し，自系統内に生じた負荷変動量を求め，これに見合った発電力を制御する方式．

（4）選択周波数制御方式（SFC：Selective Frequency Control）

周波数変化量，連系線潮流変化量の大きさには無関係に，その変化量が＋であるか，－であるかの方向だけを判別し，その組み合わせにより，いずれの系

統で制御すべきかを決定する方式.

基本例題にチャレンジ

下表は，瞬時変化する系統周波数の変動要因となる負荷変動の形態とこれによる周波数変動を調整するための対策（期間を 24 時間程度に限定したもの）を述べたものである．(1) から (3) までの空欄に当てはまる文章を書きなさい．

なお，負荷変動の周期成分の区分は，図のとおりである．

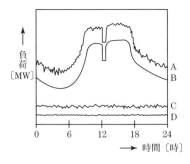

A は実負荷（合成）曲線
B はサステンド分
C はフリンジ分
D はサイクリック分

負荷変動の周期成分の区分	変動要因となる負荷変動の形態	周波数変動を調整するための対策
10数分以上の長周期変動分（サステンド分：曲線B）	工場・事務所の始業・終業，電車のラッシュ運転，夕方の照明などで，ある時間内に増加または減少する負荷となるもの	(1)
数分から10数分程度までの短周期変動分（フリンジ分：曲線C）	電車の運転・停止，大形電動機等の始動電流，圧延機の負荷電流，その他の負荷の変動が不規則な負荷変動となるもの	(2)
数分以下の微小変動分（サイクリック分：曲線D）	事故等による発電機のトリップ，送電線等の事故による負荷遮断，負荷の変動が不規則で，短時間の負荷変動となるもの	(3)

 ・負荷変動の種類として，その周期成分の大きさ
から，

振動成分（サイクリック分）＝数分以下の成分

脈動分（フリンジ分）＝数分〜10数分の成分

基本分（サステンド分）＝比較的ゆっくりとした変動

に分類される．この周期の区分に応じて異なる制御を行うことにより，系
統周波数を一定の変動幅に収めることが行われている．

・系統の周波数変動に伴って，消費電力も変動する．例えば，周波数が低下
すると，電動機は回転数が低下し，負荷の消費電力が低下する．逆に，周
波数が上昇すると，電動機の回転数は上昇して，負荷の消費電力は増加す
る．このように，負荷にはもともと周波数の変動を抑制しようという作用
が存在していて，これを負荷の自己制御性と呼んでいる．

● 解 答 ●

(1) 中央給電指令所で，曜日，天候（気温，湿度など），特別なイベントなど，
負荷に影響を及ぼすさまざまな要因を考慮してその前日に予想負荷曲線を作
成し，それをもとに経済運用，供給信頼度などを考慮して立てた各発電所の
運転スケジュールにより運転する．

(2) 電力系統の時々刻々と変動する周波数を監視して，発電機の出力調整によ
り周波数を制御する．火力や水力発電所に設置されたAFC（自動周波数制御
装置）による調整をベースに，中央給電指令所で周波数を監視し，周波数偏
差が大きくなった場合，給電指令で特定発電所の出力を調整し補正する．

(3) AFCでは調整しきれない速い周波数変動成分であり，変動幅は小さいため，
系統の自己制御性により吸収する．すなわち，負荷の自己制御性と発電機の
ガバナフリー運転によってこの範囲の負荷変動分を処理する．

応用問題にチャレンジ

電力系統内において大電源脱落故障が発生し，周波数が低下した場合，
発変電機器に及ぼす影響を説明し，また，事故発生の際に停電範囲を極力
少なくするためにどのような対策が講じられているかを述べよ．

● 解　答 ●

1. 周波数低下の影響

(1) タービン翼の共振現象

周波数の低下に伴い，タービン翼に共振が起こり，疲労蓄積，タービン翼の損傷などが発生することがある．

(2) 給水，復水ポンプなど補機類の出力低下

補機類は，周波数低下によって出力が低下し，これによって支障を生じる．

(3) 発電機，変圧器などの過励磁

発電機，変圧器などの電圧が一定で，周波数の低下があると，過励磁になる．

2. 停電範囲を少なくするための対策

(1) 瞬動予備力による対応

発電機のガバナフリー余力を確保する．また，連系線を通じて他社からの融通電力を受電する．

(2) 系統分離

事故波及を防ぐために，適切な点で分離を行う．また，発電機の負荷が適切な大きさになるように系統を分離して単独運転し，復旧に役立てる．

(3) 揚水遮断

上記の対応によってもなお周波数が低下する場合には，揚水遮断や負荷遮断を行う．

・AFC などの平常時の周波数制御に対して，電源脱落事故などの異常時は，周波数の急激な変動をある一定の範囲内に収めるためさまざまな対策が施される．

・瞬動予備力とは，電源脱落時の周波数低下に対して即時に応答し，10 秒程度以内で急速に出力を上昇して，少なくとも瞬動予備力以外の予備力が発動されるまで発電可能な供給力のことで，具体的にはガバナフリー運転中の発電機のガバナフリー余力などがある．したがって，万が一電源脱落時の周波数低下に備えて，適切な量のガバナフリー余力を確保しておくことが重要である．

・瞬動予備力の発動を実施しても，なお広範囲の停電の可能性のある場合，事故の局限化のための方法として，系統の信頼性を考慮したうえで系統分離方

式をとる.

・平常時，異常時それぞれの場合について，周波数を一定の範囲に収めるための方策を学習しておこう.

・周波数制御の目的についても併せて学習しておこう.

演 習 問 題

【問題】

(1) 電力系統における周波数変動の原因について説明せよ.

(2) 周波数制御の目的を，供給側と需要家側の双方の観点から説明せよ.

● 解 答 ●

(1) 周波数変動は，系統に並列している発電機の回転速度変動と考えられる. すなわち，電力系統内の総発生電力が総消費電力とバランスしていれば系統周波数は一定に保たれる. しかし，発電機の入力エネルギーよりも出力エネルギーが上回れば（消費電力が上回れば）発電機の回転速度が下がり，周波数も低下する. 逆に，発電機からの出力エネルギーよりも入力エネルギーが上回れば回転速度は上がり，周波数も上昇する. 消費電力は絶えず変動しており，この変動幅に即応して発電機の発生電力を制御して周波数をある一定の変動幅に収める必要がある.

(2) ①供給側からみた必要性

・系統周波数が安定していれば，火力発電所のガバナフリー運転が容易になり，速度調整が安定化する. さらに，タービン翼の振動発生，火力補機の出力減などを軽減することができる.

・周波数が安定することにより，系統電圧の制御が容易になる.

・連系線に流れる潮流は，周波数の変動に応じて変化するから，連系線潮流の変化を安定化して連系運転を行うために，周波数を一定に保つ必要

がある.

②需要家側からみた必要性

- ・計算機など,電力を使用するに当たっての条件が安定化する.
- ・電動機などを使用している場合は,回転速度がほぼ一定化するので,製品の品質が向上する.
- ・電気時計や電子計算機の精度が向上する.

第7章 施設管理

7.2 広域運営・供給力・供給予備力

1. 広域運営について

（1）広域運営の目的

　　広域運営の目的は，全国の電力会社および電源開発会社が自主的経済責任体制のもとで，相互に協力して合理的な電源開発や設備の運用などを行い，広域的な経済効果を高度に発揮することによって，電源原価の高騰抑制と安定した供給力を確保することにある．電気事業における広域運営の重要性に鑑み，電気事業法第28条でも，「電気事業者及び発電用の自家用電気工作物を設置する者は，電源開発の実施，電気の供給，電気工作物の運用等その事業の遂行に当たり，広域的運営による電気の安定供給の確保その他の電気事業の総合的かつ合理的な発達に資するように，相互に協調しなければならない」と規定している．

（2）需給計画と広域運営の関連

　需給計画に関連する広域運営の効果としては，予備力の節減，運転コスト差を活用した燃料費の節減，電源設備の合理的運用，広域電源開発による設備の節減などがあげられ，これらの効果を電力融通の形で実際に表すこととなる．

　① 予備力の節減

　　信頼度条件を一定とした場合の供給予備力は，単独系統の場合と比較して大幅に減少し，電源開発量の節減を図ることができる．

　　また，日常運用では，需要変動および計画外停止に対応するための運転予備力も大幅に節減することができる．併せて，運転予備力の保有方法も合理化されるため，広域運営の経済効果を発揮することができる．

　② 運転コスト差を活用した燃料費の節減

　　各社間の運転コスト差を活用することにより，火力発電運転費の低減と，水力・原子力発電の有効利用を図ることができる．

③　電源設備の合理的運用

　　各社間の需要の不等時性，供給力構造の差異を活用した電源設備の広域運用を行うことにより，相互に効率的な設備運用ができる．

④　広域電源開発による設備の節減

　　各社各地域における立地条件などを考慮し，広域的見地に立って融通受給を前提とした経済的な電源開発をすることにより，設備の節減を図ることができる．

⑤　接壌地帯における電力設備の有効利用

　　隣接2社間の需要地と，電源地点の地理的関係を活かし，ある地点で他社へ送電し，他の地点で受電することにより，両社の電力設備の節減と送電損失の軽減を図ることができる．

2. 供給力について

　供給力は，使用するエネルギーの種類により水力，火力，原子力に大別され，日負荷曲線に当てはめた場合，その分担部分に応じて次の3種類に分類される．

(1) ベース供給力・・・・需要のベース部分を担当

(2) ミドル供給力・・・・需要のミドル部分を担当

(3) ピーク供給力・・・・需要のピーク部分を担当

(1) ベース供給力

1日中一定出力で運転するため，起動・停止，出力調整の必要がない．建設費は幾分高くても kW·h 当たりの運転費が安いものが良い．

①　大容量高効率火力発電

　　負荷曲線のベース部分を分担する火力発電所で，一般に熱効率の高い大容量機がベース供給力を担う．

②　原子力発電

　　原子力は運転費が低廉であるため，経済性からみて定格出力で連続運転させるのが最も適した運用方法だといえる．また，負荷変動や起動停止は，火力発電と比較して大きな制約を受けるため，出力変動を極力させない方針で運用する．

③　自流式水力発電

　　河川の自然流量をそのまま利用している発電方式である．季節や年度ごとに出力が変動し，また，需要の変化に見合った出力調整が行えない．そ

のため，ベース需要を分担し，水の有効利用を主眼として運用される．

（2）ミドル供給力

日間の起動・停止や，出力調整に応じやすいことが必要．建設費と運転費の関係は，ベース供給力とピーク供給力の中間．

①　中間負荷用火力発電

負荷曲線のミドル部分を分担する火力発電所で，一般に中容量機が担当し，負荷変化に応じて出力調整を行う．

DSS（Daily Start and Stop：日間起動停止）機能を持つユニットもある．近年は，従来ベース供給力であった大容量機をミドル供給力として運用させる機会もあることから，DSS機能を持つユニットの新設や既設機の改造が行われている．

（3）ピーク供給力

急激な負荷変動に対応するため，負荷追従特性が良く，頻繁な起動・停止が行えることが必要である．

①　ピーク火力

負荷曲線のピーク部分を分担する火力発電所で，一般に小容量機が該当する．負荷変動に対応した出力調整を行う．また，他に比べて高いコストであることから，DSS運用が多い．

②　揚水式水力発電

発電所の上下にダムを持ち，深夜，休日などの軽負荷時に揚水し，それをピーク時に発電する方式である．揚水時，発電時の損失が加算されて，総合効率は70％程度となるが，火力，原子力の深夜余力などを利用して，ピーク時の電力に変換することで価値の高いエネルギーが得られる．

③　貯水池，調整池式発電

・貯水池式：大容量の池を持ち，月間または季節的な出力調整が可能．
・調整池式：調整池を持ち，日間または週間程度の出力調整が可能．

3.　予備力について

電力を安定して供給するためには，想定される需要以上の電源設備を持つことが必要である．この設備を予備力と呼ぶ．予備力の種類には，以下がある．

（1）待機予備力

起動から全負荷をとるまでに数時間程度を要する供給力のこと．

具体例：バランス停止中の火力

(2) 運転予備力

即時に発電可能なもの，および10分程度以内の短時間で起動して負荷をとり，待機予備力が負荷をとる時間まで継続して発電しうる供給力のこと．

具体例：部分負荷運転中の火力機の余力，ダム式発電所，揚水発電所

(3) 瞬動予備力

運転予備力の一部．電源脱落時の周波数低下に対して即時に応答を開始し，10秒程度以内に出力を上昇できるもの．

具体例：ガバナフリー運転中の発電機のガバナフリー余力

安定した電力供給を行うために必要な予備力の種類を挙げ，それぞれについて，その機能と，どのような供給力がそれに該当するかを述べよ．

やさしい解説

供給予備力は，保有量が少なすぎると，供給支障の発生頻度が高くなり，また，保有量が大きすぎると，設備投資が過大になり，経済的な問題が出てくる．したがって，供給信頼度との関係から，適正な量の予備力を保有することが重要である．

予備力は，待機予備力，運転予備力，瞬動予備力に分類される．応答までのおおまかな時間や，具体的にどのような供給力がどの予備力に該当するかを理解し，解答することが重要である．

● 解　答 ●

1. 待機予備力

機能：事故，渇水・電力需要の変動などの予測しうる異常事態の発生があっても，相当の時間的余裕をもって供給力不足に充当し，安定した供給を行うための予備力

該当する供給力：起動から全負荷まで数時間程度を要するバランス停止中の火力発電設備

2. 運転予備力

機能：事故，負荷変動に際して，即時，あるいは 10 分程度の短時間に出力し，
　　　待機予備力が起動して負荷をとるまで発電を継続して安定供給を図る
　　　もの

該当する供給力：部分負荷運転中の火力，揚水式発電設備

3. 瞬動予備力

機能：電源脱落事故のような周波数低下に即時に応動して，10 秒以内に出力
　　　を上昇し，少なくとも前記の運転予備力が出力するまで安定供給を図
　　　るもの

該当する供給力：ガバナフリー運転中の発電機の余力

応 用 問 題 に チ ャ レ ン ジ

電力系統の連系の利害得失を述べよ．

● 解　答 ●

1. 利点

（1）経済性が向上する

① 負荷の不等時性によって総合負荷のピークが低減されるため，小さい設
備容量で供給が可能となり，経済性が向上する．

② 系統連系によって予備設備を共用できるので，予備設備の節約を図るこ
とができる．

③ 系統全体の容量が大きくなるので，大容量の発電ユニットを建設できる．
また，発電地点を広い地域内で選定できることにより，経済的な電源開発
が可能となる．

④ 潮流を適切に制御することにより，送電損失の軽減が図れる．

（2）信頼性や系統としての特性が向上する

① 電源や送電線の一部が事故により脱落しても，他の健全な設備で補うこ
とが可能であり，供給信頼度が向上する．

② 電源と負荷の間のインピーダンスが小さくなるため，安定度が向上する．

③ 負荷変動が平均化され，周波数の変動幅が小さくなる．

第 7 章　施設管理

203

④　無効電力を適切に制御することにより，効果的に電圧の調整ができる．

2. 欠点

（1）事故波及の可能性が生じる

①　1箇所での事故が，不適切な事故遮断により健全部分に波及し，事故が拡大することがある．

②　系統容量が大きくなり，事故波及の影響が大きくなることがあるため，確実な動作と遮断時間の短いことが要求される．したがって，保護装置の高度化が要求される．

（2）短絡容量が増大する

①　電源と負荷の間のインピーダンスが小さくなり，短絡容量が増大する．したがって，遮断容量の大きい遮断器が必要となる．

　　　　　　メリットとしてポイントとなるのは，大きく分けると2点，すなわち（1）経済性の向上と（2）信頼性の向上である．（1）の経済性の向上としては，予備力の節減，電源開発の合理化，負荷不等時性改善による設備利用率の向上，送電損失の軽減などを解答すればよい．一方，（2）の効果としては，電源脱落時などの緊急応援および周波数低下の抑制，インピーダンス軽減による安定度向上などが語られればよいであろう．

　　一方，デメリットとしてポイントとなるのは大きく分けると2点，すなわち（1）事故波及の可能性の増大と（2）短絡容量の増加である．

　　　　　　広域運営の推進策として，電力各社間で連系され，融通電力の需給，事故系統への応援，高コスト火力停止に伴う経済的需給運用の推進，電源開発の有効活用が行われている．

　　　　　　連系により，単独系統で運用を行う場合と比較して，経済面，信頼度面においてメリットを得ることができる．

演 習 問 題

【問題】

次の表は，供給力を日負荷曲線中の分担に応じてベース・中間・ピークに大別したときの，各供給力に対応する発電方式およびその発電方式が適している理由を示したものである．表の中の番号の付いた空欄に当てはまる語句または文章を解答欄に書きなさい．

ただし，文章は各問ごとに200字以内にまとめること．

供給力	発電方式	左記発電方式が適している理由
ベース供給力	大容量高効率火力発電	蒸気条件として高温高圧化を図り，定格出力付近の連続運転時に最高効率が得られる．
	原子力発電	(1)
	(2)	出力を調整すると無効放流となり不経済となる．
	(3)	熱源の性質上，一定出力運転が行われる．
中間供給力	中間負荷用火力発電	中間負荷として，毎日の起動・停止・出力変化速度の増加，最低出力限度の低減などが図られる．
ピーク供給力	貯水池式・調整池式発電・ガスタービン発電	(4)
	(5)	深夜・軽負荷時の余剰電力を効果的に使用し，発電の必要時には起動・停止および出力変化を急速に行うことができることからピーク供給力に適している．

● 解 答 ●

(1) 燃料価格の安定性，CO_2などの環境負荷が小さいといった特性などから，定格出力の連続運転に適している．なお，現在では，負荷に対する追従性，始動停止などに対する制約からも，一定出力運転が望ましい．

(2) 流込式水力発電

(3) 地熱発電

(4) 短時間の起動・停止が可能であり，急激な負荷変化に対して優れた追従性があるため，ピーク供給力に適している．

(5) 揚水式発電

第7章 施設管理

7.3 系統の無効電力・電圧調整と電圧不安定現象

要点 系統電圧は，電気機器を正常に機能発揮させるため，および電力系統を安全に運転するため，適正な値に維持する必要がある．そのため，電圧・無効電力を調整する機器を電力系統の各所に配置し，おのおのの機器の特性を活かしつつ，円滑な調整を行っている．

1. 無効電力の発生源と消費源

(1) 架空送電線，変圧器

全負荷時には，送電線は無効電力を消費する．一方，軽負荷時には，送電線の対地静電容量が優勢となり，無効電力の発生源となる．

(2) ケーブル

一般的に，無効電力の発生源となる．

(3) 負荷

遅れ力率の場合は無効電力を消費するが，力率改善用コンデンサなどから無効電力が発生する．

2. 系統電圧の調整機器

系統電圧を調整できる機器は，無効電力を発生あるいは吸収することにより電圧を調整するものと，変圧器のように，電圧を昇圧または降圧することにより調整するものに分類される．

(1) 同期発電機

有効電力の発生が本来の目的であるが，無効電力の発生，消費に用いることもできる．励磁を強めると無効電力を発生し，励磁を弱めると無効電力を消費する．

(2) 同期調相機

同期調相機は，同期電動機を無負荷で運転し，励磁電流を調整することにより，同期発電機と同様に無効電力によって電圧制御を行うことができる．

(3) 電力用コンデンサ (SC)

系統の遅れ力率を改善し，電圧降下分を補償するために用いられる．価格が比較的低廉であり，保守も容易というメリットがある．

(4) 分路リアクトル (ShR)

軽負荷時等，無効電力が余剰となると，系統電圧を上昇させる．このような場合に余剰な無効電力を吸収して電圧上昇を抑制するために分路リアクトルが用いられる．

(5) 静止形無効電力補償装置 (SVC)

電力用コンデンサとサイリスタで制御される分路リアクトルを組み合わせ，遅相，進相無効電力の連続的な調整が可能．

(6) 変圧器 (負荷時タップ切換変圧器)

無効電力の授受とはほとんど関係なく，負荷電流を流した状態で変圧比を変化させることで電圧を段階的に切り換え，電圧調整を行うもの．

基本例題にチャレンジ

文中の空欄に当てはまる字句を記入しなさい．

近年，ケーブル系統の増大に伴い，その線路の　(1)　のため深夜軽負荷時に受電端電圧が　(2)　することがある．この対策として，変電所に　(3)　を設置して　(4)　電流をとり，　(5)　を抑制する．

やさしい解説

深夜等の軽い負荷時には，ケーブルや長距離送電線の充電電流などの進み無効電流が線路に流れた場合，受電端電圧が送電端電圧よりも高くなってしまうことがある．これをフェランチ現象と呼んでいる．この対策として，分路リアクトルの設置によって（遅れ）無効電力を吸収し，電圧上昇を抑制することが有効である．

● 解　答 ●

(1) 充電電流（または充電容量）　(2) 上昇　(3) 分路リアクトル

(4) 遅れ　(5) 電圧上昇

応用問題にチャレンジ

　次の表は，電力系統の電圧調整に用いられている機器の機能をまとめたものである．次の表の中の番号の付いた空欄に当てはまる語句または文章を答えよ．

機器の総称	電圧調整機能
発電機	界磁電流を制御することにより連続的に出力電圧を調整する．
静止形無効電力補償装置（SVC）	（1）
負荷時電圧調整器付き変圧器	（2）
（3）	界磁電流を制御して，連続的に系統電圧を調整する．
並列用電力コンデンサ	（4）
（5）	遅相無効電力を系統から吸収させることにより，系統の進相電流を減少させ，系統電圧が上昇しないように段階的に調整する．

● 解　答 ●

(1) サイリスタによりコンデンサやリアクトルに流れる電流を制御することで，無効電力を進みから遅れまで連続的に補償して電圧を調整する．

(2) 負荷電流が流れた状態のまま無停電で変圧器のタップを切換えて変圧比を変え，電圧を調整する．

(3) 同期調相機

(4) 電力コンデンサは系統に並列することで系統の遅れ電流を補償し，低下した電圧を上昇させる効果がある．このため，電力コンデンサの並解列によって段階的に電圧を調整することができる．

(5) 分路リアクトル

　これまで述べてきたように，電圧変動は多くの場合無効電力の変化によって引き起こされる．

　ここでは，有効電力と電圧の関係，ならびに系統の電圧不安

定現象とその対策について述べる.

1. 電圧不安定現象とは

　一般に，電力系統の電圧は，系統の有効電力－電圧特性（一般にノーズカーブという）と，負荷の有効電力－電圧特性で決定され，それぞれの交点で電圧が確立される．（第1図参照）

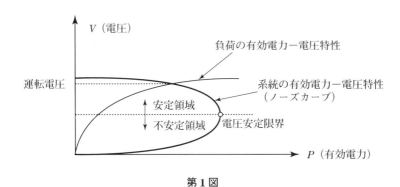

第1図

　ここで，運転ポイントが電圧安定限界より上側にあれば安定に運転できるが，下側にあれば不安定領域になり，電圧低下が生じて電圧崩壊に至る.

　電圧不安定現象は，長距離送電線で大電力を受電している需要地域などで発生しやすい．一般には，現象の推移は，数分～数十分と緩やかなのが特徴.

2. 電圧不安定現象の要因

(1) 電源の大規模化，偏在化

　電源の大規模化，偏在化により送電線が長距離化し，無効電力損失が増大するとともに，電源からの無効電力では供給しきれず，負荷側の変電所に調相設備を設置する必要性が高まっている.

(2) 大容量負荷の集中化

　大容量の負荷が集中化することにより，需要増加に伴う無効電力の消費の増分が大きくなり，速やかな無効電力の供給が難しくなる.

(3) 負荷変化速度の増加

　昼休み前後の負荷の立ち上がり，立ち下がりの変化速度が大きくなっている.

(4) 負荷の定電力化

　冷房負荷に代表されるように，系統電圧が低下しても一定の電力を消費する

負荷が増加している．このような定電力負荷は，系統側の電圧が低下すると負荷電流が増加するため，無効電力損失（負荷電流の2乗に比例）が増加し，これによりさらなる系統電圧の低下を引き起こし，電圧の変動を助長する要因となる．

3. 防止対策

〈設備計画面〉

① 電源の適正配置による潮流の偏差解消．

② 無効電力の供給源を確保するための調相設備の充実．電力用コンデンサ，無効電力補償装置（SVC），同期調相機の適切な配置．

③ 送電線，変電所の増強．

〈設備運用面〉

① 系統の電圧安定性を見ながら，急激な負荷変化が予想される場合には，調相設備の投入や発電機の無効電力制御を高速に行えるよう，制御システムを採用する．

② 需要地に近い発電機の停止を極力少なくする．

③ 電圧を許容される範囲内で高めに運用する．

・電力系統の電圧変動は，多くの場合無効電力の変化（無効電力の需給アンバランス）によって引き起こされる．電力系統の無効電力の消費源，発生源とその過不足を調整するための手段，および過不足を調整すると系統電圧がどのように変化するのかを確実に押えておこう．

・電圧不安定現象の概要とその発生要因，および防止対策について理解しておこう．

演 習 問 題

【問題】

電力用半導体を用いた静止形無効電力補償装置（SVC，STATCOM）について，次の問に答えよ．

(1) SVC は具体的にどのような目的に用いられるか．系統側・需要側の事例をそれぞれ一つずつ挙げよ．

(2) SVC の代表的な方式である TCR と TSC について，それぞれの動作原理と制御の特徴を簡潔に述べよ．

(3) STATCOM（自励式 SVC あるいは SVG）の動作原理を述べよ．併せて，TCR 方式の SVC と比較した制御の特徴を簡潔に述べよ．

● 解　答 ●

SVC，STATCOM の構成例を図 1 に示す．

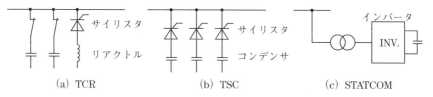

(a) TCR　　　　　(b) TSC　　　　　(c) STATCOM

図 1　SVC，STATCOM の構成例

(1) SVC の利用目的

系統側：・送電系統において，事故時の電圧を維持し同期安定性を向上させるため．

　　　　・配電系統の末端などに設置し，負荷や分散型電源に起因する電圧変動を抑制するため．

需要側：・アーク炉や採石場のクラッシャーといった変動の大きい負荷に起因する急峻な電圧変動を抑制するため．

　　　　・負荷で発生する無効電力を補償して力率改善するため．

(2) TCR と TSC の動作原理・特徴

・TCR（Thyristor Controlled Reactor）は，リアクトル電流の位相をサイリスタにより制御することで，遅れの無効電力を連続的に制御できる．一般的にはコンデンサを並列に接続し，進みから遅れの無効電力を連続的に制御できるようにする．

・TSC（Thyristor Switched Capasitor）は，コンデンサをサイリスタを用いて開閉する方式で，進みの無効電力を制御できる．遅相の無効電力を補償する必要がある場合は TCR と組み合わせて設置することもある．

(3) STATCOM の動作原理

STATCOM（Static Synchronous Compensator）は，サイリスタの代わりに自己消弧素子を用いた自励式インバータを用いることにより，進みから遅れまでの無効電力を，連続かつ高速で補償することができる．系統電圧が低下した際の補償能力は TCR と比べて高いため，電圧安定性を高める効果に優れている．

7.4 電力系統の短絡容量抑制対策

　　　短絡容量とは，電力系統に短絡故障が発生した場合，故障点に向かって流れ込む電力（容量）のことである．

1. 短絡容量の増大要因

　　　系統の連系，需要規模の増大，ユニット容量の大容量化などで，系統容量が増大するのに伴い，主要な母線から見た系統のインピーダンスの値はますます小さくなってきており，短絡時の故障電流の増加，すなわち短絡容量が増加している．

2. 短絡容量の増加による問題点

短絡容量の増加により，主として以下のような問題が生じる．

① 遮断器などの直列機器の容量不足
② 通信線への電磁誘導障害の増加
③ 故障点，直列機器の損傷の増加

3. 短絡容量の抑制対策

短絡容量抑制対策として，以下のような対策が考えられる．

① 系統の分割，電源の分散
② 発電所，変電所の母線の分割運用
③ 系統間の直流連系
④ 高インピーダンス機器の採用
⑤ 直列リアクトルの送電線への挿入

　一方で，基幹系統の安定度上からは，系統のインピーダンス値をできるだけ小さくする必要があるため，抑制策の採用にあたっては，大容量遮断器の採用を含めて最も合理的な方法をとる必要がある．

基本例題にチャレンジ

次の文章は，系統の短絡容量を抑制する場合の対応策と，増大した場合の対応策に関する記述である．文中の空欄に当てはまる字句を記入しなさい．

電力系統の拡大に伴い，短絡容量が増加する傾向にあるが，これを抑制するための対応策は以下のとおりである．

(a) 高次の ____(1)____ を採用し，既設系統を分割する．

(b) 発電機や変圧器などの直列機器に ____(2)____ 機器を採用する．

(c) 系統を ____(3)____ 等で連系するとともに，系統を常時分割または事故時に分割する方法を採用する．

また，短絡容量が増加した場合の対応策としては，次のようなものが考えられる．

(a) ____(4)____ が大きい遮断器を採用する．

(b) 通信線の ____(5)____ を軽減するため，中性点インピーダンスの増加や，通信線への避雷器の設置などの対応が必要である．

・短絡容量を抑制するための対策として効果的なのは，高次の電圧系統を採用する一方で，既存の系統は，系統運用上の信頼度を確保しつつ，可能な範囲で分割することである．また，発電機や変圧器などの直列機器に，高インピーダンス機器を採用することも効果的である．さらに，系統間を直流設備で連系し，適正な規模に分割することにより，短絡容量の軽減を図ることができる．

・一方，短絡容量が増加した場合は，遮断容量の大きい遮断器の採用が考えられる．また，直接接地系統で地絡を伴う短絡故障の場合，付近の通信線への誘導障害が大きくなる．これを軽減するため，遮へい線の設置や通信線への避雷器の設置により，対応することが必要となる．

● 解 答 ●

(1) 送電電圧　(2) 高インピーダンス　(3) 直流（設備）

（4）遮断容量　（5）誘導障害

応用問題にチャレンジ

　電力系統の拡大に伴い，短絡容量が増加しているが，それによって発生する問題点と短絡容量の抑制対策について述べよ．

● 解　答 ●

1. 問題点

　短絡容量が増加し，それが遮断器の遮断容量を上回ると，系統の短絡事故時や直接接地系統の地絡故障時に，故障電流を遮断できず，故障区間の除去に時間がかかり，停電が広範囲，長時間に及ぶ可能性がある．

　また，事故電流の増加によって，通信線への電磁誘導障害が大きくなる恐れがある．

2. 対策

① 　系統のインピーダンスを高くする．例えば，発電機・変圧器などの直列機器に高インピーダンス機器を採用する．

② 　系統を分割する．変電所の母線で分割したり，ループ送電線を開放したりして，短絡容量を抑制する．

③ 　事故時に速やかに系統分離する．

④ 　上位電圧階級の導入により既存の下位系統を分割する．

⑤ 　直流送電のような交直変換によって二つの交流系統を連系すると，交流系統間の短絡電流の流れは阻止される．このような直流分割によって，短絡容量を抑制する．

⑥ 　限流リアクトルの採用．送電線と直列に，あるいは連系系統間に限流リアクトルを設置し，短絡電流を抑制する．

　　　短絡容量を増加させる原因としては，主として，

① 　電源の単機容量の増大

② 電源立地の集中化

③ 広域連系の強化

④ 基幹送電線の二重化

などがあげられる．すなわち，電源立地が1箇所に集中化し，かつ大規模電源が建設される結果，流通設備も多重化する必要がある．その結果系統全体のインピーダンスが減少して，事故点に流れる電流が非常に大きくなる傾向がある．

これを抑制する対策としては，基本的なポイントとしては2点，すなわち，高インピーダンス機器の採用と，系統分割による方法がある．また，短絡容量が増加した場合の対応策としては，遮断容量の大きい遮断器の採用や，付近の通信線への誘導障害対策があげられる．これらの一連の因果関係を理解しておきたい．

短絡容量に関する問題は，(1) 短絡容量増大の要因，(2) 発生する問題点，(3) 防止対策の三つがポイントとなる．2種のみならず1種でもたびたび出題されているため，確実にポイントを押えておきたい．

演 習 問 題

【問題】

特別高圧の電力系統における短絡容量の増大について，次の問に答えよ．

(1) 送電系統の設備，運用面からみて，電力系統の短絡容量が増大する主な原因を述べよ．

(2) 短絡容量の増大により生じる問題を述べよ．

(3) わが国で一般的に行われている，特別高圧需要設備における短絡容量の増大に対する対策を述べよ．

● 解 答 ●

（1）短絡容量が増大する主な原因

需要の増加に合わせて電源や送電系統を増強した場合や，供給信頼度向上・電圧変動抑制のために送電系統を閉ループで運用したり複数の変圧器を並列運転する場合にインピーダンスが低下するため．

（2）短絡容量増大による問題点

短絡容量が増加し，遮断器の遮断容量を上回ると，系統の短絡事故時や地絡事故時に事故電流を遮断できなくなる可能性がある．この場合，故障区間の除去に時間がかかると系統の安定度を損なったり，事故設備の損傷が拡大につながり，停電が広範囲かつ長時間に及ぶ恐れがある．

また，事故電流が増大することによって通信回線への電磁誘導障害が大きくなる恐れもある．

（3）短絡容量増大に対する対策

短絡容量増大を抑制する対策として，以下のものがある．

ア　上位の送電電圧を採用して既設系統を分割することで短絡電流を抑制する方法

イ　発電機や変圧器に高インピーダンス機器を採用し，短絡電流を抑える方法

ウ　短絡電流を供給する発電機の出口や変電所の母線間などに限流リアクトルを挿入して，短絡電流を減少させる方法

エ　変電所の母線を分割したり，送電線のループ回線を減らすことにより系統のインピーダンスを増加させ，短絡電流を減少させる方法

第7章 施設管理

7.5 瞬時電圧低下とその対策

要点

1. 瞬時電圧低下

　電力系統に故障が発生すると，故障点を除去するまでの間，故障点を中心に電圧が降下するが，この現象を「瞬時電圧低下」と呼び，停電とは区別して取り扱われる．

2. 需要家機器への影響

① コンピュータ

　コンピュータの電子回路は，直流安定化電源により供給されている．交流入力電圧が瞬時低下すると，直流出力電圧を一定に保つことができなくなり，論理回路では演算ミスを生じることがある．

② 電磁開閉器

　瞬時電圧低下の影響により，鉄心を保持する電磁力が弱まり，接点の接触が正常でなくなる．また，電磁開閉器の補助接点を利用して自己保持回路を形成していることが多く，瞬時電圧低下により自己保持が解かれて，機器が停止することがある．

③ パワーエレクトロニクス応用可変速機器

　瞬時電圧低下の影響でサイリスタの転流に失敗し，機器が停止する．

④ 高圧放電ランプ

　瞬時電圧低下の影響により，いったんアーク放電が途切れると，短時間に電圧が回復しても再点灯まで数分～十数分の時間を要する．

⑤ 不足電圧リレー

　不足電圧リレーの整定によっては，瞬時電圧低下で動作する場合もあり，工場の受電設備などで遮断器がトリップする．

3. 瞬時電圧低下の対策

（1）需要家側での対策

① コンピュータ

電源側に UPS あるいはそれに類する瞬時電圧低下対策専用の装置を用いる．

② 電磁開閉器

瞬時電圧低下があっても電磁開閉器が開放しないように，ラッチ型または遅延開放型のものを用いる．

③ パワーエレクトロニクス応用可変速電動機

電圧低下時にサイリスタの動作のみをロック状態とし，電圧回復後に自動的にロックを解除する．

④ 高圧放電ランプ

ランプ消灯時，高圧パルスを発生させてランプを点灯させる．

⑤ 不足電圧リレーへの対応

機器保護面の許容範囲でリレーの動作時間を遅延させる．

（2）系統側での対策

瞬時電圧低下の原因は，雷などによる送電線故障であり，事故を完全になくすことは困難である．

そこで，これらの発生頻度を少なくする方策として，以下のような対策が考えられる．

① 送電線の地中化により，雷などによる事故確率を極力低減させる．

② 電源を需要家近傍に配置する．

第7章 施設管理

基本例題にチャレンジ

次の文章は，瞬時電圧低下に関するものある．文中の空欄に当てはまる字句または数値を記入しなさい．

瞬時電圧低下は，送電線などに短絡や地絡故障が発生することにより □（1）□ を中心に瞬時的に電圧が低下する現象である．負荷側の対策としては，次のとおりである．

電子計算機の誤動作を防止するため □（2）□ を設ける．工場の受電設

備等において，不足電圧継電器を使用している場合，不要動作を避けるため，　(3)　の許す範囲においてリレーの　(4)　を遅延させる．また，　(5)　では，いったんアーク放電が途切れると，発光管が冷えるまで放電が開始できないため，ランプ消灯時，高圧パルスを発生させてランプを点灯させる．

全ての事故に対して，対策を立てることは困難であるが，瞬時電圧低下の対策としては，系統側での対策と，負荷側での対策に大別することができる．

電子計算機の誤動作を防止するために，無停電電源装置を設ける．また，工場などでは，不足電圧リレーで遮断器をトリップさせる場合も多く，瞬時電圧低下により不要な受電設備の停止をまねく恐れがある．これを回避するため，機器保護面で許容する範囲内で，リレーの整定時間を遅らせるなどの対策をとる．また，高圧放電ランプは，瞬時電圧低下によりアークがいったん切れると，発光管が冷えるまで放電が開始できないため，高圧パルスを発生させてランプを点灯させる．

● 解　答 ●
(1) 故障点　(2) 無停電電源装置（UPS）　(3) 機器保護
(4) 整定時間　(5) 高圧放電ランプ

応用問題にチャレンジ

電力系統に瞬時電圧低下が発生した場合の需要家機器への影響と需要家側での対策について述べよ．

● 解　答 ●

1. 需要家機器への影響

① 直流安定化電源の負荷（コンピュータなど）

交流から直流に変換する電源装置に負荷される電子機器（コンピュータ

など）が影響を受ける．電子回路の演算・論理・記憶部などの異常で機器が誤動作する．

② 電磁開閉器を用いたモータ

　瞬時電圧低下によって電磁開閉器の自己保持が解かれ，不必要なモータ停止をまねく．

③ 工場の受電設備の不足電圧リレー

　不足電圧リレー（UVR）の動作整定時間が短いと，瞬時電圧低下により遮断器がトリップする．

④ パワーエレクトロニクス応用可変速モータ

　パワーエレクトロニクスを応用した可変速モータでは，電圧低下によって制御回路が異常となり，モータの運転に異常をきたす．

⑤ 高圧放電ランプ（水銀ランプなど）

　高圧放電ランプが瞬時電圧低下により消灯すると，短時間に電圧が回復しても，再点灯までに十数分かかる．

2. 需要家側での対策

(1) 正常運転を継続する対策

・直流安定化電源の負荷（コンピュータなど）に対しては，電源側に UPS あるいはそれに類する瞬時電圧低下対策専用の装置を用いる．

・瞬時電圧低下があっても電磁開閉器が開放しないように，ラッチ型または遅延開放型のものを用いる．

・保護機能面で支障がない範囲で，不足電圧リレーの動作整定時間を長くする．

(2) 停止時の再起動

・放電ランプが消灯した場合に，直後に高電圧パルスを加えて，放電条件を瞬時に回復させる．

・可変速モータの場合，瞬時電圧低下を検出したら，コンバータやインバータをロック状態にし，電圧が回復した後，自動的に正常な運転状態に戻す．

(3) ソフト的対策

・雷情報などを活用し，瞬時電圧低下によって大きな被害を受けないよう，機器やシステムを事前に停止させるなどの予防措置をとる．

第7章　施設管理

瞬時電圧低下が問題となる負荷の代表的なものにコンピュータがあり，このような負荷に対して無停電で交流電力を供給する装置が無停電電源装置（UPS）である．基本的な回路構成は第1図のとおりである．

第1図

すなわち，

① 交流を整流器によって，直流に変換する．

② 電池に電力を蓄える．

③ インバータによって負荷に電力を供給する．

この装置を設置することにより，出力電圧，周波数等，電力の質の向上に資することができるようになる．装置としての基本的な条件は，

① 無停電であること．

② 出力電圧，周波数が安定していること．

③ 供給電力として波形ひずみなどがないこと．

などとなる．

なお，必要に応じた信頼度を保つよう，UPSの二重化が図られる．

・瞬時電圧低下のメカニズム，その影響について理解しよう．

・負荷側および電源側のそれぞれの対策について理解しよう．

演 習 問 題

【問題】

電力系統に発生する瞬時電圧低下防止対策を，電力系統側と負荷側に分けて説明せよ．

● 解　答 ●

1. 需要家側での対策

① コンピュータ

電源側に UPS あるいはそれに類する瞬時電圧低下対策専用の装置を用いる．

② 電磁開閉器

瞬時電圧低下があっても電磁開閉器が開放しないように，ラッチ型または遅延開放型のものを用いる．

③ パワーエレクトロニクス応用可変速電動機

電圧低下時にサイリスタの動作のみをロック状態とし，電圧回復後に自動的にロックを解除する．

④ 高圧放電ランプ

ランプ消灯時，高圧パルスを発生させてランプを点灯させる．

⑤ 不足電圧リレーへの対応

機器保護面の許容範囲でリレーの動作時間を遅延させる．

2. 系統側での対策

瞬時電圧低下の原因は，雷などによる送電線故障であり，事故を完全になくすことは困難である．

そこで，これらの発生頻度を少なくする方策として，以下のような対策が考えられる．

① 送電線の地中化により，雷などによる事故確率を極力低減させる．

② 電源を需要家近傍に配置する．

7.6 電力系統における高調波の発生源，その障害・対策

要点

　高調波は，電気機器の正常な動作を妨げたり，場合によっては損傷を与えることがあり，その低減が課題となっている．こうした高調波は，産業用機器で広く普及しているパワーエレクトロニクス機器の他，テレビ・パソコンなどの家電・情報機器の整流回路などが発生源となっている．

1. 高調波の発生源

（1）サイリスタ応用機器

① 交流－直流変換装置

② 交流電力調整装置（電圧位相制御）

③ サイクロコンバータ（周波数変換装置）

（2）不規則に変動する非線形負荷

① アーク炉，高周波電気炉

（3）鉄心の磁気飽和の強い機器（励磁電流）

① 変圧器，リアクトル，回転機器

（4）整流回路を有する事務用機器，家庭用機器

① テレビ，パソコンなどの単相全波整流回路

② 大型複写機，汎用インバータなどの三相全波整流回路

2. 高調波が及ぼす障害

　高調波がもたらす障害は，（1）高調波電流の流入による機器の過熱・振動など，（2）高調波電圧の重畳による機器の誤動作，（3）通信線への誘導障害，に分類できる．

　具体的には，次のようなものがある．

① 過大な高調波電流の流入による電力用コンデンサや直流リアクトルの焼損，過熱，振動

② 高調波電流による鉄心のうなり（変圧器・回転機）

③　高調波電流・電圧による電動機，変圧器の損失増加

④　過大な高調波電流の流入によるヒューズ，ブレーカの過熱・誤動作

⑤　高調波電流・電圧による電子部品の劣化

⑥　整流機器の制御装置など，高調波電圧の重畳による各種制御機器の誤動
作・誤不動作

⑦　通信線への誘導による通信機器（テレビ・ラジオ含む）への雑音

3.　高調波対策

　高調波対策は，基本となる（1）発生源側での高調波電流の流出防止，のほか，
(2) 障害を受ける機器側での対策と（3）系統側での対策がある．高調波抑制対
策ガイドラインは，商用電力系統での高調波環境目標レベルを，総合電圧歪み
率において 6.6kV 配電系 5%，特高系 3%以下に維持することを目的としている．

（1）発生源側での対策

①　交流フィルタの設置（パッシブフィルタ，アクティブフィルタ）．

②　電力変換装置のパルス数を多くする（多相化）．

③　制御角を小さくする．

④　転流インピーダンスを大きくする．

（2）障害を受ける機器側での対策

①　コンデンサに直列リアクトル（一般にはコンデンサ容量の 6%）を設置し，
高調波に対しインピーダンスを誘導性にする．

②　コンデンサの使用台数や設置位置などを調整する．

③　高調波過電流リレーを設置する．

（3）系統側での対策

①　短絡容量の大きい（インピーダンスの小さい）系統に接続する．

②　特に大きな高調波発生源に対しては専用線により供給する．

③　配電線の系統切替により，共振状態を回避する．

基本例題にチャレンジ

　最近，サイリスタの普及などにより交流系統の高調波含有率が増加し，通信線に対する □(1)□ や進相用コンデンサの □(2)□ などの障害が懸念される．この高調波減少策としては，①整流器の □(3)□ の増加および位相シフト，② □(4)□ の挿入，③ □(5)□ の大きい系統からの受電などが考えられる．

やさしい解説

　ここでは，電力変換装置の多パルス化（多相化）について説明する．

〈電力変換装置の多パルス化〉

　電力変換装置のパルス数を基本パルス数である6パルスの整数倍とし，入力電流の波形を正弦波に近づける方式である．

　一般にパルス数 p の変換装置であると，$n = kp \pm 1$（k は正の整数）の次数の高調波電流が発生するため，変換装置を12パルスとした場合，影響の大きい5次，7次の高調波は発生しない．

　また，第1図のように，需要家内の2系統の6パルス変換器の変圧器の結線を変更することによる多パルス化も可能である．これを等価12パルス接続という．

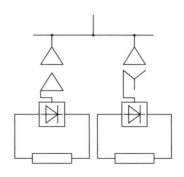

第1図 12パルス接続の例

● 解　答 ●

(1) 誘導障害　(2) 過熱（焼損）　(3) パルス数（相数）

(4) 交流フィルタ　(5) 短絡容量

応用問題にチャレンジ

　高調波電流による被害を防止するために需要家設備に設置されている受動フィルタ（パッシブフィルタ）および能動フィルタ（アクティブフィルタ）について，その原理と特徴の概要を述べよ.

● 解　答 ●

1. 受動フィルタ（パッシブフィルタ）

(1) 原理

　受動フィルタは特定の次数に対して，低インピーダンスとなるような回路をコンデンサとリアクトルを組み合わせて作り，高調波電流を吸収する.

　受動フィルタには，特定次数の高調波に対して効果がある同調フィルタと，高次の高調波で広い周波数に対して効果がある高次フィルタが使用される.

(2) 特徴

① 構成が簡単であり，特定次数の高調波吸収に対して効果が高い.

② 商用周波に対し進相コンデンサとして働くが，高調波機器停止時は解列する必要がある.

③ 系統からの高調波の吸収を防止するため限流リアクトルを設置する必要がある.

2. 能動フィルタ（アクティブフィルタ）

(1) 原理

　負荷から発生する高調波電流を検出し，これを打ち消す高調波電流を注入し，電源の電流を基本波のみとして高調波を抑制する.

(2) 特徴

① 複数高調波に対し効果がある.

② 設置後に発生高調波電流の次数や大きさが変わっても対応できる.

227

③　比較的高価である.

1. 受動フィルタ

　受動フィルタには,同調フィルタと二次形高次フィルタがあり,基本回路は第2図のようになる.同調フィルタは,単一の周波数に対してのみ効果があるため,実用上は複数の同調フィルタを組み合わせて使用する.

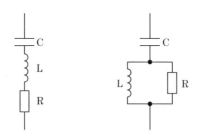

　　（a）同調フィルタ　　　（b）二次形高次フィルタ

第2図　受動フィルタの基本回路

2. 能動フィルタ

　能動フィルタは,第3図のように負荷電流I_LをCTにより検出し,このうち高調波成分I_Cのみを系統へ注入する.この結果,I_Sは基本波のみとなり,高調波が除去される.

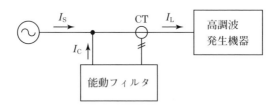

第3図　能動フィルタの原理

・高調波の発生原因，その影響，防止対策を把握する．
・高調波対策のうち，多パルス化，受動フィルタ，能動フィルタについて，原理と特徴を説明できるようにしておこう．

第7章 施設管理

演 習 問 題

【問題】

配電系統における高調波の発生源，高調波が各種電気機器に及ぼす障害およびその防止対策について述べよ．

● 解 答 ●

1. 高調波の発生源

① 交流−直流変換装置，交流電力調整装置，サイクロコンバータなどのサイリスタ応用機器

② アーク炉などの非線形負荷

③ 変圧器，リアクトル，回転機など，鉄心の磁気飽和の強い機器の励磁電流

④ テレビ，パソコン，大型複写機など，整流回路を有する事務用機器，家庭用機器

2. 高調波が及ぼす障害

高調波がもたらす障害は，次のようなものがある．

（1）高調波電流の流入による機器の過熱・振動など

① 過大な高調波電流の流入による電力用コンデンサや直流リアクトルの焼損，過熱，振動

② 高調波電流による鉄心のうなり（変圧器・回転機）

③ 過大な高調波電流の流入によるヒューズ，ブレーカの過熱・誤動作

（2）高調波電圧の重畳による機器の誤動作

① 整流機器の制御装置など，高調波電圧の重畳による各種制御機器の誤

動作・誤不動作

(3) 通信線への誘導障害

① 通信線への誘導による通信機器（テレビ・ラジオ含む）への雑音

3. 高調波対策

(1) 発生源側での対策

① 交流フィルタの設置（パッシブフィルタ，アクティブフィルタ）．

② 電力変換装置のパルス数を多くする（多相化）．

③ 制御角を小さくする．

④ 転流インピーダンスを大きくする．

(2) 障害を受ける機器側での対策

① コンデンサに直列リアクトル（一般にはコンデンサ容量の6%）を設置し，高調波に対しインピーダンスを誘導性にする．

② コンデンサの使用台数や設置位置などを調整する．

③ 高調波過電流継電器を設置する．

(3) 系統側での対策

① 短絡容量の大きな（インピーダンスの小さい）系統に接続する．

② 特に大きな高調波発生源に対しては専用線により供給する．

③ 配電線の系統切替により，共振状態を回避する．

第7章 施設管理

7.7 発電設備の系統連系

1. 系統連系について

要点　　一般送配電事業者などが保有・運用し，さまざまな利用者が混在する商用電力系統へ発電設備を連系させる場合には，安全や電力品質の確保などを目的に一定のルールに従う必要がある．

　近年増加の著しい太陽光や風力といった再生可能エネルギーを活用した発電設備は，エネルギー密度が低く，大規模火力発電など従来からの発電方式と比べると一般に出力が小さい．このため，比較的電圧階級の低い送電系統や配電系統に分散して設置される傾向にあり，需要家保護の観点からも統一的なルールのもと系統連系することが重要となる．

　発電設備を系統連系する際に必要となる技術要件の基本的な考え方としては，

　　・商用電力系統の供給信頼度（停電など），電力品質（電圧，周波数，力率など）の面で他の需要家に悪影響を及ぼさないこと

　　・公衆および作業者の安全確保と，電力供給設備または他の需要家との設備の保全に悪影響が生じないこと

であり，具体的にはそれぞれ「電力品質確保に係る系統連系技術要件ガイドライン」ならびに「電気設備の技術基準の解釈」に規定されている．

2. 系統連系にあたっての主な技術要件

　「電力品質確保に係る系統連系技術要件ガイドライン」や「電気設備の技術基準の解釈」に定められている主な技術要件は次のとおり．

（1）電気方式

　発電設備の電気方式（単相2線式，単相3線式，三相3線式）は，原則として連系する系統と同一とする．これは，相間の不平衡を防止するためである．

　なお，需要家の最大使用電力に比べ発電設備の容量が非常に小さく，相間の

不平衡による影響が実態上問題とならない場合には，連系する系統と異なる電気方式としても差し支えないことになっている．

(2) 力率

発電設備を系統に連系した場合には，受電点において力率を85 ％以上とし，かつ系統から見て進み力率とならないようにする必要がある．

なお，発電設備から系統へ逆潮流させる場合であって，系統の電圧上昇を抑制するためやむを得ない場合には，受電点力率を80 ％まで制御できる．

(3) 保護協調

商用電力系統に発電設備を連系する場合には，

・発電設備の異常または故障

・連系している商用電力系統の短絡事故または地絡事故（低圧配電線に連系する場合はこれに加え高低圧混触事故）

・分散型電源の単独運転（高圧または低圧配電線に連系する場合）

を保護リレー等により検出し，商用電力系統の自動再閉路時間よりも短い時限で発電設備を自動的に解列させる必要がある．

なお，発電設備の不要な解列を回避し，電圧や周波数などの電力品質を確保するため，連系する商用電力系統以外の事故時には発電設備を解列させないようにすることも重要である．

逆変換装置を用いて連系する場合であって，系統へ逆潮流させる場合に設置が必要な保護リレーの一例を第1表に示す．

第1表

検出する異常	連系する系統・保護リレーの種類		
	低圧	高圧	特別高圧
発電電圧異常上昇	過電圧リレー（OVR）		
発電電圧異常低下	不足電圧リレー（UVR）		
系統側短絡事故	不足電圧リレー（UVR）		
系統側地絡事故	単独運転検出装置	地絡過電圧リレー（OVGR）	地絡過電圧リレー（OVGR）*1 電流差動リレー（DfR）*2
単独運転	単独運転検出装置	転送遮断装置または単独運転検出装置	－
	周波数上昇リレー（OFR）		
	周波数低下リレー（UFR）		

単独運転時の電圧・周波数逸脱	－	周波数上昇リレー（OFR）および周波数低下リレー（UFR）または転送遮断装置

＊1　連系する商用電力系統が中性点直接接地方式以外の場合

＊2　連系する商用電力系統が中性点直接接地方式の場合

（4）事故時運転継続

　発電設備が系統の事故による広範囲の瞬時電圧低下や瞬時的な周波数の変化等によって一斉に停止または解列すると，系統全体の電圧や周波数の維持に大きな影響を与える可能性がある．このため，そのような場合にも発電設備は運転を継続する必要がある．

（5）連絡体制

　高圧や特別高圧の商用電力系統に発電設備を連系する場合，発電設備設置者の構内事故や商用電力系統側の事故により連系用遮断器が動作して発電設備が解列した場合には，安全確保や速やかな復旧を行う等の観点から系統運用者と発電設備設置者との間で迅速かつ的確な情報連絡を行い，必要な措置を講じる必要がある．このため，系統側電気事業者の営業所や給電所等と発電設備設置者の技術員駐在箇所等との間には，保安通信用電話設備を設置する．

　さらには，特別高圧の商用電力系統と連系する場合には，系統側電気事業者の給電所と発電設備設置者との間に系統運用上等必要な情報が相互に交換できるようスーパービジョン，テレメータおよび電気現象記録装置を必要に応じて設置する．なお，発電設備設置者の過度の負担となることを回避するため，このような装置の設置は逆潮流の有る場合に限定され，伝送路は保安通信用電話設備回線と兼用することを前提とする．

基本例題にチャレンジ

次の文章は，高圧配電線に連系する分散型電源の保護装置に関する記述である．文中の   に当てはまる最も適切な語句を答えなさい．

分散型電源など発電設備が連系する系統において，系統事故が発生して連系する系統が系統電源と切り離された状態（例えば，配電用変電所の遮断器を開放した状態）において，当該系統に連系している発電設備が運転を継続し，当該系統の負荷へ電気を供給している状態のことを (1) という．これに対して，発電設備が系統から解列された状態で，当該発電設備設置者の構内負荷にのみ電力を供給することを (2) といい区別される．

 (1) になった場合，人身および設備の安全に対し影響を与える恐れがあると共に，事故点の被害拡大や復旧遅れなどにより (3) の低下をまねく恐れがあることから，保護リレーなどを用いて当該発電設備を当該系統から解列できるような対策を施す必要がある．

逆潮流がない連系の場合には， (1) 時に発電設備から系統側へ電力が流出するため，発電設備設置者の (4) に逆電力リレー等を設置することにより，逆潮流を検出して自動的に系統から解列することが可能である．

一方，逆潮流がある連系の場合には，系統事故時の解列の確実化を図るため，系統の引出口遮断器開放の情報を通信設備を利用して発電設備へ送り，設備解列を行う (5) 装置を設置するか， (1) 検出機能を有する装置を設置する方策を採ることとしている．

やさしい解説

分散型電源など発電設備が連系する系統やその上位系統において事故が発生した場合や作業時における系統切替の場合など，系統の遮断器や開閉器が開放された際に，系統から発電設備が解列されず商用電力系統から分離された部分系統内で運転を継続すると，本来は無電圧となるべき範囲が充電されることとなる．

このように，商用電力系統から切り離された部分系統内において，当該系統に連系する発電設備によって負荷への電力供給が継続している状態のことを単独運転と呼ぶ.

これに対し，発電設備が系統から解列し当該発電設備設置者の構内負荷にのみ電力を供給している状態を自立運転と呼び，単独運転とは区別される.

発電設備が単独運転に陥った場合には，保安面，供給信頼度面，電力品質面から以下のような影響を及ぼす恐れがある.

① 保安面の影響

・系統に事故が生じている際に単独運転が継続すると，事故点に電力を供給し続けることとなり，感電などの公衆災害や事故点の被害拡大，需要家機器損傷の恐れがある.

・本来は無電圧区域であるべき系統が充電状態となるため，作業者（消防を含む）が感電する恐れがある.

② 供給信頼度面，電力品質面の影響

・事故点除去後の再閉路や健全区間への他回線からの逆送電が行えないため，停電からの復旧が大幅に遅れる.

・単独運転を行っている部分系統内では電圧や周波数が変動する可能性があり，需要家機器損傷の恐れがある.

以上の理由から，保護リレーなどを用いて系統事故や作業時など系統を切り離した際には単独運転を検出し，当該発電設備を系統から確実に解列できるよう単独運転防止策を講じなければならない.

単独運転を防止するためには，周波数上昇リレー（OFR），周波数低下リレー（UFR）に加えて，逆潮流がない連系の場合は逆電力リレー（RPR），常時逆潮流のある連系の場合は転送遮断装置もしくは単独運転検出機能を有する装置を設置する必要がある.

● 解　答 ●

(1) 単独運転　　(2) 自立運転　　(3) 供給信頼度

(4) 受電点　　　(5) 転送遮断

応用問題にチャレンジ

　次の表は，資源エネルギー庁公益事業部通達「系統連系技術要件ガイドライン」に基づいて，発電出力 10 MW 以上の自家用発電設備を 66 kV の特別高圧電線路（以下「系統」という。）に連系する場合の標準的な技術要件の一部を記述したものである．表中（A）から（G）までの記号を付した空欄に当てはまる文章または語句を，答案用紙に記入しなさい．

　ただし，表中に用いられている「逆潮流」，「逆変換装置」および「単独運転」の意味は，それぞれ次のとおりとする．

a.「逆潮流」とは，発電設備の設置者の構内から系統側へ向かう電力の流れをいう．

b.「逆変換装置」とは，直流発電設備等を逆変換装置を用いて連系する設備を備えた発電設備をいう．

c.「単独運転」とは，発電設備を連系している系統が事故等によって系統電源から切り離された状態において，連系されている発電設備の運転だけで発電を継続し，切り離された系統に接続されている負荷に電力を供給している状態をいう．

技術要件の概要		逆潮流の有無	設備対策等の概要
発電設備の設置者の受電点における力率の調整		有	系統の電圧を適正に維持することができるように力率を調整する
		無	(A)
単独運転	適切な電圧および周波数を逸脱した単独運転を防止するための保護装置の設置	有	①周波数上昇リレーおよび周波数低下リレーを設置する． ②または，□(B)□を設置する．
	単独運転を防止するための装置の設置	無	①周波数上昇リレーおよび周波数低下リレーを設置する． ②発電設備の出力が単独運転系統の負荷と均衡していて，上記①のリレーにより検出・保護できない恐れがあるときは，□(C)□を設置する．
	平常運転時		系統の電圧が適正値(常時電圧のおおむね 1〜2%以内)を逸脱する恐れがあるときは，発電設

発電設備の連系により，系統の運転電圧が影響を受ける場合の対策		備の設置者において自動的に電圧を調整する．
	同期発電機を並列投入するとき	制動巻線付き同期発電機（同等以上の乱調防止効果を有する制動巻線付きでないものを含む.）を採用するとともに，(D) を設置する．
	誘導発電機を並列投入するとき	(E)
	自励式逆変換装置で連系するとき	自動的に同期がとれる機能を有するものとする
発電設備の連系により，系統の短絡容量が他者の遮断器の遮断容量等を上回る恐れがあるときの対策		①短絡電流を制限する装置（例えば (F) ）を設置する．
		②上記①で対応できない場合は次の対策を行う (G)

● 解 答 ●

(A) 標準的な力率に準拠して 85 %以上とし，かつ系統側から見て進み力率とはならないこととする．

(B) 転送遮断装置

(C) 逆電力リレー

(D) 自動同期検定装置

(E) 並列時の瞬時電圧低下により系統の電圧が常時電圧から±2 %程度を超えて逸脱する恐れがあるときは，発電設備等設置者において限流リアクトル等を設置する

(F) 限流リアクトル

(G) 異なる変電所バンク系統への連系，上位電圧階級の電線路への連系

「電力品質の確保に係る系統連系技術要件ガイドライン」は，コージェネレーション等の発電設備を商用電力系統に連系する場合の技術要件として，資源エネルギー庁により昭和 61 年 8 月に策定され，その後数次の改定が行われてきたものである．商用電力系統へ発電設備を連系可能とするため，系統運用者と発電設備設置者の間における技術的指標を提示し，電圧・周波数等の電力品質を確保していくための事項および連絡体制等について考え方が整理されている．

同ガイドラインは「第 1 章 総則」と「第 2 章 連系に必要な技術要件」に

より構成され，具体的な技術要件を定めた「第2章　連系に必要な技術要件」
は「第1節　共通事項」「第2節　低圧配電線との連系」「第3節　高圧配電線
との連系」「第4節　スポットネットワーク配電線との連系」「第5節　特別高
圧電線路との連系」と商用電力系統の電圧階級別に整理されている．本問はこ
のうち「特別高圧電線路との連系」からの出題である．

(A) 一般送配電事業者が定める「託送供給等約款」には，需要設備を系統に
接続する場合において，受電点の力率が 85 ％以上であれば基本料金の割
引が適用されることが規定されている．発電設備の技術要件についてもこ
れに準拠し，原則として力率を 85％以上に保持するとともに，無効電力に
よる電圧上昇を発生させないよう系統から見て進み力率にならないことと
されている．

(B) 転送遮断装置とは，変電所の遮断器の遮断信号を通信回線で伝送し，発
電設備の連系用遮断器を動作させる装置である．これにより，変電所の遮
断器が動作して商用電力系統が停電した際には発電設備も解列するため，
単独運転を防止することができる．

(C) 一般に逆潮流がない場合には，発電設備の出力は構内負荷よりも小さく
単独運転へ移行すると周波数が低下するため，周波数低下リレー（UFR）
によって単独運転を検出することができる．ただし，構内負荷が比較的小
さいときに単独運転に移行した場合には，発電設備の出力と均衡して UFR
が動作しない恐れがある．このような場合には，単独運転移行時の商用電
力系統への逆電力を検知して動作する逆電力リレー（RPR）を設置する必
要がある．

(D) 同期発電機を商用電力系統へ並列する際，系統側と発電設備側の周波数，
電圧および位相が合致していないと突入電流が流れ，瞬時電圧変動を発生
させる恐れがある．このような場合には，並列時に発電設備側の周波数，
電圧および位相を商用電力系統と自動で同期させることのできる自動同期
検定装置を設置する必要がある．

(E) 誘導発電機を商用電力系統へ並列する際には，変圧器と同様に励磁突入
電流が流れ，瞬時電圧低下を発生させることがある．±2％を超える電圧
変動を引き起こす恐れのある場合には，限流リアクトルの設置等による対
策が必要となる．

（F）発電設備の連系によって商用電力系統の短絡容量が増加し，他の系統利用者の遮断器の遮断容量を超過すると，短絡事故が発生した際に事故電流を遮断できなくなる．これを防止するため，発電設備設置者側において限流リアクトルを設置し，短絡容量が他の系統利用者の遮断容量を上回らないような対策が必要となる．

（G）限流リアクトルを設置しても商用電力系統の短絡容量が他の系統利用者の遮断器の遮断容量以下とできない場合には，異なる変電所バンクの系統や上位電圧階級の電線路への連系に変更する必要がある．

演 習 問 題

【問題】

高圧配電系統に同期発電機を連系する場合に，同期発電機を設置する構内の保護リレーについて，次の問に答えよ．

(1) 構内の地絡故障保護には，受電点近くに設置した地絡過電流リレー（OCGR）などを用いるが，同期発電機を連系する場合の高圧配電系統の地絡故障保護には，地絡過電圧リレー（OVGR）を用いる理由を説明せよ．

(2) 構内の短絡故障保護には，受電点近くに設置した過電流リレー（OCR）などを用いるが，同期発電機を連系する場合の高圧配電系統側の短絡故障保護には，短絡方向リレー（DSR）を用いる理由を説明せよ．

(3) 地絡過電圧リレー（OVGR）と短絡方向リレー（DSR）は配電用変電所の保護装置と時限協調を図って保護する理由を説明せよ．

● 解 答 ●

(1) 高圧配電系統に地絡故障が発生したときには，地絡電流が配電用変電所側と発電機側との両方から地絡故障点へ供給されるが，高圧配電系統は非接地であるため，同期発電機からの地絡電流は極めて小さくなる．このため，地絡過電圧リレー（OVGR）を用いて地絡時の零相電圧によって地絡故障を検出する．

(2) 高圧配電系統に短絡故障が発生したときには，短絡電流が配電用変電所側と発電機側との両方から短絡故障点へ供給されるが，構内の短絡故障時に系

統から流れ込む短絡電流に比べて，同期発電機からの短絡電流は比較的小さく，過電流リレー（OCR）の整定感度では検出できない場合がある．また，逆にOCRの感度を高くすると通常時の負荷電流などにより誤作動を引き起こす恐れがある．このため，同期発電機の場合は電流の方向も合わせて故障判定可能な短絡方向リレー（DSR）を用いて保護する．

（3）地絡過電圧リレー（OVGR）と短絡方向リレー（DSR）では，連系する高圧配電系統で発生する故障と，同一の配電用変圧器から引き出される他の高圧配電系統で発生する故障を区別することが困難である．他の高圧配電系統で発生した故障による不要動作を回避するため，故障の遮断後に OVGR，DSR が動作するように時限協調を図る必要がある．

7.8 自家用受電設備の形態と保守点検

1. 自家用受電設備

　自家用受電設備の形態は一様ではないが，主遮断装置の違いにより大別して第1表に示すPF-S形とCB形とに分類できる．

第1表

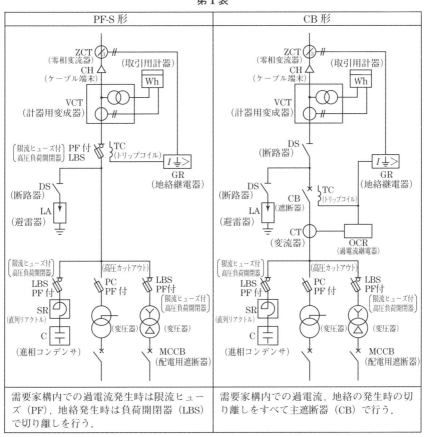

PF-S 形	CB 形
需要家構内での過電流発生時は限流ヒューズ（PF），地絡発生時は負荷開閉器（LBS）で切り離しを行う．	需要家構内での過電流，地絡の発生時の切り離しをすべて主遮断器（CB）で行う．

また，自家用受電設備の各機器は，第2表のような機能を持っている．

第2表

用語（記号）		主 な 機 能
主遮断装置	高圧交流負荷開閉器(LBS)	地絡事故発生時は，トリップコイルにより開放する．短絡電流の遮断はできないため，限流ヒューズ（PF）で行う．
	遮断器（CB）	過負荷，短絡，地絡の事故発生時にトリップコイルにより，開放する．消弧方式により，①油遮断器（OCB），②真空遮断器（VCB），③磁気遮断器（MBB），④ガス遮断器（GCB）などがある．
継電器類	地絡リレー（GR）	地絡電流（零相電流）を検出時，トリップコイルにトリップ信号を出力する．
	零相変流器（ZCT）	地絡電流（零相電流）を検出する．
	過電流リレー（OCR）	過電流検出時，トリップコイルにトリップ信号を出力する．
	変流器（CT）	電流（過電流）を検出する．
開閉装置	断路器（DS）	点検，修理時に電路を開閉する．
	高圧カットアウト（PC）	電路を開閉する．1相ごとに取り付け，限流ヒューズ（PF）を装着し過負荷保護装置として使用する．
	配線用遮断器（MCCB）	低圧電路の過負荷，短絡事故発生時，電路を遮断する．
付属機器	進相コンデンサ（C）	力率改善用のコンデンサ．
	直列リアクトル（SR）	高調波（主に第5高調波）を抑制する．また，他のコンデンサからの突入電流を抑制する．
	避雷器（LA）	落雷などの異常電圧発生時に動作し，機器を保護する．
計器	計器用変成器（VCT）	負荷の電圧，電流を変成して，電力量計に出力する．
	取引用計器（Wh）	電力会社との取引のため，電力量を計量する．

2. 自家用受電方式

受電方式は，引込回線数，電力会社の供給送電方式などにより分類でき，それぞれ次のような特徴を持つ．

（1）1回線専用受電

① 事故時には，その事故が復旧するまで停電が継続．

② 送配電線路保守時に停電が必要．

③ 保護方式が簡単．

（2）平行2回線専用受電

① 片回線事故でも無停電．

② 送配電線路保守時には，片回線ずつ停止のため，停電不要．

③ 保護方式が複雑．

(3) 同系統常時・予備受電（2CB 受電）

① 送配電線の事故時，いったん停止するが，予備線への切替により停電時間は短い．

② 送配電線路保守時の受電回路切替には停電不要．

③ 保護方式が簡単．

(4) スポットネットワーク式受電

① 1回線事故または受電用変圧器の1バンク事故の場合にも無停電となる．また，負荷抑制の必要もない．

② 送配電線路保守時には，1回線ずつ停止して作業できるので，停電や負荷抑制の必要なし．

③ 送配電線路の停止，復旧に伴う変圧器二次側遮断器の開放および投入は，自動的に行われるため運転管理が容易．

3. 自家用受電設備の保守・点検

点検は，日常点検，定期点検，精密点検に分類され，それぞれ第3表のように実施する．

第3表

		①日常点検	②定期点検	③精密点検
	目　的	通電・運転中の電気工作物に対し目視等で異常を確認する．	停電し，日常点検ではできない充電部の点検や測定など行う．	機器の内部点検，測定を精密に行う．
	周　期	毎日〜1ヶ月	通常1年	通常3年
主な点検項目	遮断器・断路器	端子部の過熱，変形，変色，異物付着の有無，汚損，漏油，亀裂，過熱，発錆の有無，表示類の異常	操作具合 機構点検 端子のゆるみ有無 油の汚れの有無 接地線接続部点検 絶縁抵抗測定 接地抵抗測定	遮断速度測定 開極投入時間 最小動作電圧および電流 絶縁油試験
	変圧器	漏油，汚損，振動，異音，腐食，発錆の有無，変圧器温度	端子のゆるみ有無 接地線接続部点検 絶縁抵抗測定 接地抵抗測定	内部点検（コイル，リード線の接続部，鉄心その他各部） 絶縁油試験
	電力用コンデンサ	漏油，汚損，振動，異音，腐食，発錆の有無	端子のゆるみ有無 接地線接続部点検 絶縁抵抗測定 接地抵抗測定	絶縁抵抗測定 接地抵抗測定
	ケーブル	接続部（接続箱，分岐箱など）の過熱，損傷，腐食およびコンパウンド，漏油の有無	ケーブル腐食，亀裂，損傷の有無 接地線接続部点検 絶縁抵抗測定 接地抵抗測定	絶縁劣化診断
	非常用予備発電設備（原動機）	燃料系統からの漏油および貯油槽の油量 冷却水系統の漏れ 機関の始動停止 始動用空気タンクの圧力の点検 回転数の確認	機関主要部分の分解点検 ファンベルトの点検および調整 燃料および潤滑油フィルタの点検・交換 回転数，異音，振動および温度	内燃機関の分解点検 ラジエータコア部の点検 排気色の点検 保安装置の動作点検

基本例題にチャレンジ

　停電作業を行う前には，まず，該当作業のための電路を開路するが，開路操作をしたその開閉器を作業中に操作できないようにするため，次のいずれかの措置をとる必要がある．

　　① 施錠する

　　② 通電禁止に関する所要の事項を表示する

　　③ 　(1)　する人を置く

　なお，状況によっては，これらの措置を重複して行うことが望ましい．

　開路した電路が電力ケーブル，電力用コンデンサなどを有する電路で，　(2)　による危険を生じる恐れのあるものについては，安全な方法で確実にこれを　(3)　させる必要がある．

　また，開路した電路は，　(4)　により停電を確認し，かつ，誤充電，他の電路との混触または誘導電圧による　(5)　の危険を防止するため，短絡接地器具を用いて確実に短絡接地する必要がある．

やさしい解説

　　　　　　　点検作業時の作業員の安全を確保するために，次のような事項を実施する必要がある．

(1) 設計，施工計画での安全対策

　① 　法令遵守（電気設備技術基準，労働・安全衛生規則）

　② 　手順書の作成

　③ 　充電露出部の少ない機器の採用

(2) 作業時の安全対策（設備面）

　① 　充電部との安全距離の確保

　② 　静電誘導電圧の高い箇所では，静電シールドを実施

　③ 　適切な機器配置や照明

　④ 　適切な作業空間の確保

(3) 作業時の安全対策（作業面）

① 日常の安全教育の充実

② 作業前の TBM-KY の確実実施（作業手順，役割分担，指示・連絡系統，その他注意事項を明確化し，周知徹底する）

③ 誤操作防止措置（インターロック，タブレットなど）の確実実施

④ 電路の検電と接地の確実実施

⑤ 作業範囲の区画と表示

⑥ 充電部の区画・表示

⑦ 監視員の適正配置

● 解　答 ●

(1) 監視　(2) 残留電荷　(3) 放電　(4) 検電器具　(5) 感電

応用問題にチャレンジ

　特別高圧自家用需要家における代表的な四つの受電方式を以下に示す．各受電方式について，系統概要図を記載し，特徴を説明せよ．

　ただし，系統概要図では，需要家受電設備の受電用遮断器の開閉状態と，送配電線路における他の需要家との接続状況を明記し，特徴については，①事故時，②保守時，③信頼性について簡潔に説明せよ．

(1) 樹枝状方式（1回線受電方式）

(2) 常用予備切替方式（本線・予備線受電方式）

(3) ループ方式（常時閉路ループ方式）

(4) スポットネットワーク方式（スポットネットワーク受電方式）

● 解　答 ●

(1) 樹枝状方式（1回線受電方式）

ア　系統概要図を図1に示す．

イ　特徴

① 事故時：送配電線路の事故発生時から事故が復旧するまで停電が継続する．

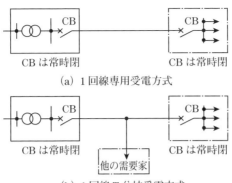

(a) 1 回線専用受電方式

(b) 1 回線 T 分岐受電方式

図 1

② 保守時：停電を伴う送配電線路の保守時には，保守が完了して復電する
るまでの間は需要家側も停電する必要がある．

③ 信頼性：本方式は，「ループ方式（常時閉路ループ方式）」「スポット
ネットワーク方式（スポットネットワーク受電方式）」「常用予備切替方
式（本線・予備線受電方式）」よりも低い．

(2) 常用予備切替方式（本線・予備線受電方式）

ア　系統概要図を図 2 に示す．

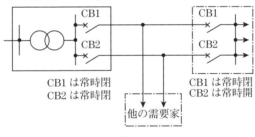

図 2

イ　特徴：

① 事故時：送配電線路のうち常用（本線）側の事故時には一度停電するが，
予備（予備線）側に切り替えることで短時間での復旧が可能．また，予
備（予備線）側も全負荷を送電することを前提に設備形成されるため，
復旧後に負荷抑制が不要．なお，受電用遮断器の開放および投入は自動
的に行われるので運転管理は容易．

第 7 章　施設管理

② 保守時：停電を伴う送配電線路の常用（本線）側の保守時には，事前に予備（予備線）側受電に無停電で切り替えを行った後に常用（本線）側を停止する．このため，保守時には停電や負荷抑制は不要．なお，保守時における受電用遮断器の開放および投入操作は，送配電事業者と連絡をとりながら行う．

③ 信頼性：本方式は，「ループ方式（常時閉路ループ方式)」「スポットネットワーク方式（スポットネットワーク受電方式)」よりも低いが「樹枝状方式（1回線受電方式)」よりも高い．

(3) ループ方式（常時閉路ループ方式）

ア　系統概要図を図3に示す．

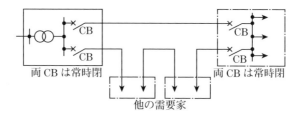

図3

イ　特徴：

① 事故時：常時2回線で受電しているため，送配電線路の1回線事故時には，事故点除去のため事故回線側の受電用遮断器は開放するものの，健全回線側からの受電継続により停電や負荷抑制の必要がない．なお，このときの受電用遮断器の開放および投入は，自動的に行われるので運転管理が容易．

② 保守時：常時2回線で受電しているため，停電を伴う送配電線路の保守時には，保守を行う回線側の受電用遮断器を開放するものの，もう一方の回線からの受電継続により停電や負荷抑制の必要がない．なお，このときの受電用遮断器の開放および投入操作は，送配電事業者と連絡をとりながら行う．

③ 信頼性：本方式は，「スポットネットワーク方式（スポットネットワーク受電方式)」よりも低いが「常用予備切替方式（本線・予備線受電方式)」「樹枝状方式（1回線受電方式)」よりも高い．

（4）スポットネットワーク方式（スポットネットワーク受電方式）

ア　系統概要図を図4に示す．

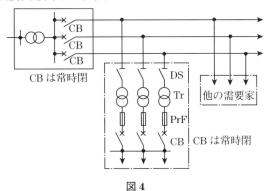

図4

イ　特徴：

① 事故時：常時3回線で受電しているため，送配電線路の1回線事故や受電用変圧器の1バンク事故の場合にも停電せず，負荷抑制の必要もない．なお，停止，復旧に伴う受電用変圧器二次側遮断器の開放および投入は，自動的に行われるため運転管理が容易である．

② 保守時：常時3回線で受電しているため，送配電線路の保守時には1回線ずつ停止して作業することにより，停電や負荷抑制の必要がない．なお，停止，復旧に伴う受電用変圧器二次側遮断器の開放および投入は，自動的に行われるため運転管理が容易である．

③ 信頼性：本方式は，四つの受電方式の中で最も信頼性が高い．

やさしい解説

特別高圧自家用受電方式は，引込回線数，送配電事業者の供給送電方式などにより分類できる．

（1）1回線受電は他企業や送電線の事故，計画停電などで長期間停電となる可能性があるため，計画停電が可能な需要家や自家発電設備を持つ需要家に採用され，電源の信頼性を要求される場合は望ましくない．

（2）本線予備線，平行2回線，ループ受電方式は，計画停電の調整が困難で電源の信頼性が要求される需要家に適している．ただし，本線予備線方式は短時間の停電が許容される場合に適用される．ループ受電方式は工場地帯，コンビナートなど負荷密集地域で採用され，両方向の給電となるため，融通性，信

頼性に優れているが，需要家の遮断容量，電流容量が必要以上に要求される．また，保護方式についても送配電事業者側との密接な協調が必要となる．

　(3) 平行2回線受電方式は信頼性は高いが，送電距離が短い場合，保護が難しく実例は少ない．また，保護継電方式が複雑で，遮断器とともに高い信頼性を要する．

　(4) スポットネットワーク受電方式は，送配電線路の1回線事故または受電用変圧器の1バンク事故の場合にも停電せず，また負荷抑制の必要がないのが特徴である．送配電線路の保守時には，1回線ずつ停止して作業できるので，停電や負荷抑制の必要がなく，送配電線路における事故発生時や保守時の停止，復旧に伴う変圧器二次側遮断器の開放および投入は，自動的に行われるので，運転管理が容易である．

・自家用受電設備の形態として PF-S 形と CB 形について，それぞれの構成と，機器の役割を理解しよう．
・代表的な4種の受電方式についてその構成，特徴を書けるようにしておこう．
・受電設備の3種類の点検の目的と周期，各機器の主な点検項目を把握しよう．

演 習 問 題

【問題】

　需要設備に設置されているディーゼル式の非常用発電装置について，受電電源が停止した場合，当該予備発電装置を正常に始動させるために行う保守点検のチェック項目および試験項目を，通常点検（おおむね毎月1回の点検）と特別点検（おおむね毎年1回の点検）とに分けて述べよ．

● 解 答 ●

1. 通常点検

（1）チェック項目

　① 燃料系統からの漏油および貯油槽の油量

② 冷却水系統の漏れおよび冷却水槽の水量

③ 始動用空気タンクの圧力の点検

④ 始動用バッテリの液量，電圧

⑤ 潤滑油の油量

(2) 試験項目

① 無負荷試験

　　無負荷で 5 ～ 10 分間運転する．回転数の確認など，各部が正常に動作することを確認する．

2.　特別点検

(1) チェック項目

① 経年劣化部品の点検，交換

② じんあいや異物の除去

③ ファンベルトの点検および調整

④ 燃料および潤滑油フィルタの点検・交換

⑤ ラジエータコア部の点検

(2) 試験項目

① 負荷試験

　　実負荷または水抵抗負荷により 1 ～ 2 時間連続運転し，回転数，異音，振動，温度および排気色などを確認する．

② 停電切替動作試験

　　商用電源停電後の発電機の起動から，復電し発電機が停止するまでの動作を確認する．

③ 保安装置・保護継電器の動作点検

第7章 施設管理

7.9 自家用受電設備の保護協調と波及事故対策

 **要点**

1. 自家用受電設備の保護装置

(1) 保護協調

　　自家用受電設備に事故が発生した場合，切り離し区間を局限化するために事故発生回路の保護装置のみが動作するよう，需要家設備内の保護装置間において動作特性の協調を図ることを保護協調という．需要家設備内はもちろん，送配電事業者の配電用変電所の遮断器とも動作協調を図る必要があり，これが十分でない場合，配電系統への波及事故となる．

(2) 過電流保護協調

　過電流保護協調を図るためには，第1図(a)においてCB_2の負荷側の事故時に，Ry_2がRy_1よりも先に動作するよう，Ry_1およびRy_2の動作特性が，第1図(b)のグラフのような特性を持つ必要がある．

　ここでRy_1の動作時間をT_1，Ry_2の動作時間をT_2，Ry_1およびRy_2の慣性動作時間をT_0，遮断器の遮断時間をT_{CB}，余裕時間をT_αとすると，T_1およびT_2は次式を満たす必要がある．

$$T_1 > T_2 + T_0 + T_{CB} + T_\alpha$$

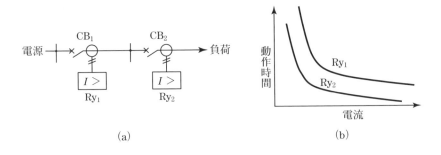

(a) (b)

第1図　過電流継電器の動作協調

(3) 地絡保護協調

　需要家の構内で地絡事故が生じた場合には，受電設備の遮断装置のみが動作し，送配電事業者の配電用変電所の遮断器が動作しないよう保護協調を図る必要がある．

　① 配電用変電所の地絡保護

　零相電流を零相変流器（ZCT）で，零相電圧を接地変圧器（GPT）二次側のブロークンデルタ回路で検出し，そして地絡方向リレー（DGR）により零相電流と零相電圧の位相を検出することで，地絡が発生している配電線を検出し，遮断器をトリップさせる．

　② 需要家設備の地絡保護

　受電点に ZCT を設置して零相電流を検出し，地絡方向リレーにより遮断装置を動作させる．配電用変電所の遮断器が動作する前に動作するよう，0.4 秒以下に設定されることが多い．

　受電設備の規模が大きく，高圧ケーブルが長い場合（100 m 程度以上），構内の対地静電容量が大きくなり，構外での地絡事故発生時に地絡リレーが動作する場合がある．このため，さらにコンデンサ形の零相電圧検出器を設置し，零相電流と零相電圧の位相から地絡電流の方向を検出できる地絡方向リレーを設置することにより，構内での地絡事故発生時のみ遮断装置を動作させる．

2. 自家用波及事故

　自家用受電設備の事故の原因と対策は次のとおり．

　〈原因〉

(a) 保護装置の保護範囲外の事故

　① 機器およびケーブルの不良
　　・CV ケーブルの水トリーの進展による絶縁不良など
　　・雨水浸入など設置環境が悪い場合，機器に使用している絶縁物の吸湿劣化など
　② 他物の接触
　　・ねずみなど小動物の露出充電部への接触による地絡
　③ 自然現象
　　・雷サージの侵入による開閉器や計器用変成器の絶縁破壊

④　外傷事故
・掘削工事によるケーブル損傷

(b) 保護装置の保護範囲内の事故

①　保護協調不良による波及
・保護リレーの整定不良

②　保護装置の誤動作・誤不動作
・機器の不良による動作不良

〈対策〉

(a) 保護装置の保護範囲外の事故

①　機器およびケーブルの不良
・機器の製造年月，型式などの確実な管理による老朽設備の取替
・定期的な絶縁劣化診断
・吸湿対策として，雨水浸入防止フィルタの取り付けやモールド機器の採用

②　他物の接触
・金網などによる小動物侵入防止
・露出充電部の隠ぺい・絶縁

③　自然現象
・避雷器の設置による雷サージ対策

④　外傷事故
・ケーブル埋設位置の周知，適切な工法の選定による施工業者への埋設物損傷防止指示

⑤　その他
・責任分界点への地絡遮断装置付開閉器の設置

(b) 保護装置の保護範囲内の事故

①　保護協調不良による波及
・送配電事業者と十分協議し保護協調を図る．
・受電設備内の保護協調を図る．

②　保護装置の誤動作・誤不動作
・定期的なリレー動作試験の実施

自家用電気工作物の故障，損傷，破壊などによって，一般電気事業者または特定電気事業者に （1） 事故を発生させる事故を自家用電気工作物からの （2） 事故という．この （2） 事故の大部分は主遮断装置の （3） 側で発生しており，事故の発生を機器別で見ると （4） が圧倒的に多い．これを防止するために，自家用電気工作物と電気事業用電気工作物との （5） に地絡保護装置付き高圧負荷開閉器を取り付けることが普及している．

やさしい解説 自家用電気工作物の故障，損傷，破壊などにより，送配電事業者の配電線を停止（供給支障）させる事故を自家用電気工作物からの波及事故と呼ぶ．

発生箇所としては，大部分が主遮断装置の電源側で発生している．発生機器としては，ケーブルが最も多く，次いで計器用変成器，がいしなどである．

事故の発生防止策として，接続点（責任分界点）へ，地絡保護装置付き高圧負荷開閉器を取り付けることにより，電源側に波及させる前に，遮断することができる．

● 解 答 ●

（1）供給支障　　（2）波及　　（3）電源　　（4）引込ケーブル

（5）接続点（責任分界点）

応用問題にチャレンジ

　図に示す自家用変電所の過電流保護について，保護協調の観点から次の問に答えよ．

(1) 保護継電方式における保護協調の概念について簡潔に述べよ．

(2) 過電流継電器 Ry_1 の動作時間整定値（限時整定値）の考え方について供給変電所との関わりも含め簡潔に述べよ．

(3) 一般電気事業者から過電流継電器 Ry_1 の限時整定値を変圧器二次側回路の短絡時に 0.6 秒以下とするよう要請されている場合，保護協調における適正動作時間差を考慮し，過電流継電器 Ry_2，Ry_3 の動作時間整定値（限時整定値）を求め，かつ，瞬時要素付きの要否について述べよ．

　ただし，遮断器の全遮断時間は 0.1 秒，過電流継電器は誘導円盤形で，その慣性動作時間および最短動作時間整定値は各 0.2 秒，余裕時間は 0.05 秒とする．

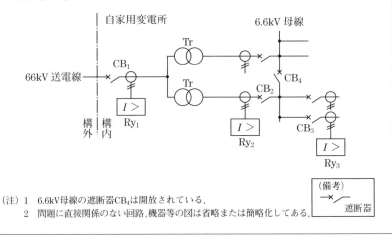

(注) 1　6.6kV母線の遮断器CB₄は開放されている．
　　 2　問題に直接関係のない回路，機器等の図は省略または簡略化してある．

● 解　答 ●

1. 保護協調の概念

　自家用受電設備に事故が発生した場合，切り離し区間を局限化するために事故発生回路の保護装置のみが動作するよう，需要家設備内の保護装置間において動作特性の協調を図ること．

2. Ry_1 の動作時間整定値の考え方

Ry_1 の動作時間は，下位のリレーである Ry_2 の動作時間に対し，第2図のような特性を持たせ，負荷側での短絡事故発生時，Ry_1 より Ry_2 が先に動作するよう配慮する必要がある．

また，供給変電所の過電流リレーとの関係においては，これよりも Ry_1 が先に動作するよう，動作時間整定値を決定する必要がある．

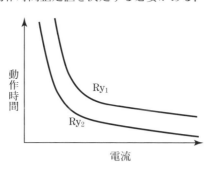

第2図

3. Ry_2，Ry_3 の動作時限

ここで Ry_1 の動作時間を T_1，Ry_2 の動作時間を T_2，Ry_1 および Ry_2 の慣性動作時間を T_0，遮断器の全遮断時間を T_{CB}，余裕時間を T_α とすると，T_1 および T_2 は次式を満たす必要がある．

$$T_1 \;>\; T_2 + T_0 + T_{CB} + T_\alpha$$

したがって，Ry_1 の動作時間は 0.6 秒であるから，Ry_2 の動作時間 T_2 は，

$$
\begin{aligned}
T_2 &= T_1 - (T_0 + T_{CB} + T_\alpha) \\
&= 0.6 - (0.2 + 0.1 + 0.05) \\
&= 0.6 - 0.35 \\
&= 0.25 \text{ 秒}
\end{aligned}
$$

となる．

同様に Ry_3 の動作時間は，Ry_2 の動作時間に対し 0.35 秒の時間差をとる必要があるが，不可能であるため，最短動作時間である 0.2 秒を Ry_3 の動作時間とし，瞬時要素を付ける必要がある．

● 解　答 ●

Ry_2：0.25 秒，Ry_3：0.2 秒で瞬時要素付き

過電流継電器には瞬時要素と限時要素の二つの動作要素があり，瞬時要素を持たせた場合，500 〜 1 500％の電流を検出して動作する．限時要素は，電流の大きさが大きくなるに従って早い時間で動作するように反限時特性を持ち，瞬時要素は短時間の定限時特性を持つ．

・自家用受電設備の保護リレーの種類について把握しよう．
・保護協調について目的と概要を理解しよう．
・自家用波及事故の原因とその対策を整理しておこう．

演 習 問 題

【問題】

　図のように，66 kV 送電線路の中間および末端に需要家が接続された系統がある．このうち，A 需要家の受変電設備における地絡保護について，次の問に答えよ．ただし，A 需要家および B 需要家には発電設備がないものとする．

(1)　A 需要家の地絡検出方式として，変流器（CT）の残留回路を利用する場合，CT の選定に当たって留意すべき点を二つ挙げよ．

(2)　図に示す A 需要家の箇所で 1 線地絡事故が発生した場合，供給変電所送電端の地絡過電流リレーの整定値を一次換算電流 30 A，地絡検出から送電用遮断器 CB1 遮断までの時間を 1.0 秒とした場合の A 需要家の地絡過電流リレーの整定タップ値および動作時限を求めよ．ただし，次の条件によることとする．

　　供給変電所の遮断器 CB1 の遮断時間：0.1 秒
　　A 需要家の遮断器 CB3 の遮断時間：0.1 秒
　　A 需要家の CT の変流比：100/5 A
　　完全地絡電流：100 A
　　地絡検出動作電流値：完全地絡電流の 30 ％

リレー動作を確実にするための係数：1.5

供給変電所の遮断器 CB1 のシリーストリップ回避のための余裕時間：0.3秒

A需要家の地絡過電流リレーのタップ値：0.5 A，0.7 A，1.0 A，1.4 A および 2.0 A

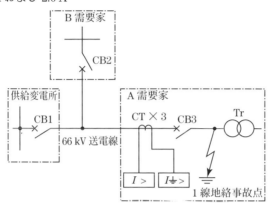

● **解 答** ●

（1）留意するべき点

通常，三相回路では各相に設けた CT の二次側をスター結線として，短絡検出は各 CT 二次回路を，地絡検出は残留回路を利用して行う．この場合，CT の選定にあたっては次の点について留意する．

① CT の特性を同一とする．

CT の特性が同一でない場合，通常状態においても三相分の合成電流がゼロにならず残留電流が流れ，場合によってはリレーの誤動作を引き起こす恐れがある．

② CT の変流比が大きい場合には三次巻線付 CT の使用を検討する．

CT の変流比が大きいと，リレーの入力となる残留電流が小さくなるので，必要に応じて三次巻線付 CT を使用する．

（2） ① まず整定タップ値を求める．

供給変電所送電端の地絡過電流リレーは一次換算電流 30 A で整定されているため，A需要家の地絡過電流リレーについては，一次換算電流は 30 A 未満で整定する必要がある．

A需要家における完全地絡電流は 100 A であり，地絡検出動作電流値は完全

地絡電流の 30 ％である．また，リレーを確実に動作させるための係数は 1.5 であるため，A 需要家の地絡検出動作電流値は次式で求められる．

$$100\,\text{A} \times 0.3 \times \frac{1}{1.5} = 20\,\text{A}$$

A 需要家の CT 変流比は 100/5 A であるので，このとき地絡過電流リレーに流れる電流は，

$$20\,\text{A} \times \frac{5}{100} = 1.0\,\text{A}$$

したがって，整定タップ値は 1.0 A を採用する．

② 次に動作時限を求める．

地絡事故は A 需要家変圧器の一次側で発生しているため，供給用変電所の保護範囲となる．問題の条件から，供給変電所の CB1 の遮断時間は 0.1 秒，CB1 のシリーストリップ回避のための余裕時間は 0.3 秒，A 需要家の遮断器 CB3 の遮断時間は 0.1 秒であり，動作時限はこれらを考慮に入れた値とする必要がある．

CB1 の遮断までの時間が 1.0 秒であることから，A 需要家の地絡過電圧リレーの動作時限 T_3 は，次式で求めることができる．

$$T_3 = 1.0 - (0.1 + 0.3 + 0.1) = 0.5\ \text{秒}$$

Index
索　引

―― 著 者 略 歴 ――

梶川 拓也（かじかわ たくや）
1969 年　愛知県生まれ
1993 年　東京大学卒業
1993 年　中部電力入社
1997 年　第二種電気主任技術者試験合格

石川 博之（いしかわ ひろゆき）
1983 年　三重県生まれ
2008 年　京都大学 エネルギー科学研究科 修士課
　　　　　程修了
同　年　中部電力株式会社入社
2011 年　第一種電気主任技術者試験合格

丹羽 拓（にわ たく）
1982 年　岐阜県生まれ
2008 年　同志社大学 電気工学専攻修了
同　年　中部電力株式会社入社
2011 年　第一種電気主任技術者試験合格

ⓒTakuya Kajikawa, Hiroyuki Ishikawa, Taku Niwa 2021

電験2種二次試験これだけシリーズ
これだけ電力・管理 —論説編— （改訂新版）

2006 年　5 月 10 日　　第 1 版第 1 刷発行
2021 年 11 月 20 日　　改訂 1 版第 1 刷発行
2023 年　5 月 19 日　　改訂 1 版第 2 刷発行

著　者　梶　川　拓　也
かじ　かわ　たく　や
　　　　石　川　博　之
いし　かわ　ひろ　ゆき
　　　　丹　羽　拓
に　　　わ　　　たく

発行者　田　中　聡

発　行　所
株式会社 電 気 書 院
ホームページ　https://www.denkishoin.co.jp
（振替口座　00190-5-18837）
〒101-0051　東京都千代田区神田神保町1-3 ミヤタビル2F
電話(03)5259-9160／FAX(03)5259-9162

印刷　株式会社 精興社
Printed in Japan／ISBN 978-4-485-10064-6

- 落丁・乱丁の際は，送料弊社負担にてお取り替えいたします．
- 正誤のお問合せにつきましては，書名・版刷を明記の上，編集部宛に郵送・
  FAX（03-5259-9162）いただくか，当社ホームページの「お問い合わせ」を
  ご利用ください．電話での質問はお受けできません．また，正誤以外の詳細
  な解説・受験指導は行っておりません．

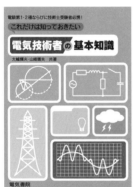
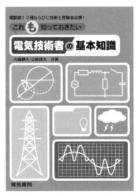
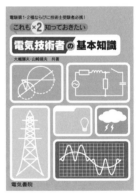

   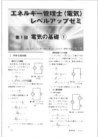

書籍の正誤について

万一，内容に誤りと思われる箇所がございましたら，以下の方法でご確認いただきますようお願いいたします．

なお，正誤のお問合せ以外の書籍の内容に関する解説や受験指導などは**行っておりません**．このようなお問合せにつきましては，お答えいたしかねますので，予めご了承ください．

正誤表の確認方法

最新の正誤表は，弊社Webページに掲載しております．書籍検索で「正誤表あり」や「キーワード検索」などを用いて，書籍詳細ページをご覧ください．
正誤表があるものに関しましては，書影の下の方に正誤表をダウンロードできるリンクが表示されます．表示されないものに関しましては，正誤表がございません．

> 弊社Webページアドレス
> https://www.denkishoin.co.jp/

正誤のお問合せ方法

正誤表がない場合，あるいは当該箇所が掲載されていない場合は，書名，版刷，発行年月日，お客様のお名前，ご連絡先を明記の上，具体的な記載場所とお問合せの内容を添えて，下記のいずれかの方法でお問合せください．
回答まで，時間がかかる場合もございますので，予めご了承ください．

郵便で問い合わせる	郵送先	〒101-0051 東京都千代田区神田神保町1-3 ミヤタビル2F ㈱電気書院　編集部　正誤問合せ係
FAXで問い合わせる	ファクス番号	**03-5259-9162**
ネットで問い合わせる	弊社Webページ右上の「**お問い合わせ**」から https://www.denkishoin.co.jp/

お電話でのお問合せは，承れません

(2022年5月現在)